基础前沿科学史丛书

给青少年讲
量子科学

高鹏 著

U0283888

清华大学出版社
北京

图书在版编目（CIP）数据

给青少年讲量子科学 / 高鹏著.— 北京：清华大学出版社，2022.10
（基础前沿科学史丛书）
ISBN 978-7-302-61978-9

Ⅰ.①给… Ⅱ.①高… Ⅲ.①量子论—青少年读物 Ⅳ.①O413-49

中国版本图书馆CIP数据核字（2022）第181610号

责任编辑：宋成斌
封面设计：意匠文化·丁奔亮
责任校对：王淑云
责任印制：曹婉颖

出版发行：清华大学出版社
   网 址：http://www.tup.com.cn, http://www.wqbook.com
   地 址：北京清华大学学研大厦A座 邮 编：100084
   社 总 机：010-83470000   邮 购：010-62786544
   投稿与读者服务：010-62776969, c-service@tup.tsinghua.edu.cn
   质量反馈：010-62772015, zhiliang@tup.tsinghua.edu.cn
印 装 者：三河市龙大印装有限公司
经 销：全国新华书店
开 本：165mm×235mm 印 张：15.75 字 数：170千字
版 次：2022年11月第1版   印 次：2022年11月第1次印刷
定 价：69.00元

产品编号：097714-01

丛书序

给面向青少年的科普出版点一把新火

2022年是《中华人民共和国科普法》通过的第20年，在这样一个对科普工作意义不凡的年份，由北京市科学技术委员会（以下简称市科委）发起，清华大学出版社组织的"基础前沿科学史丛书"正式出版了。这套书给面向青少年的科普出版点了一把新火。

2022年9月4日，中共中央办公厅、国务院办公厅印发《关于新时代进一步加强科学技术普及工作的意见》，进一步强调"科学技术普及是国家和社会普及科学技术知识、弘扬科学精神、传播科学思想、倡导科学方法的活动，是实现创新发展的重要基础性工作"。科学技术普及是科技知识、科学精神、科学思想、科学方法的薪火相传——是"薪火"，也是"新火"。

市科委搭台，出版社唱戏，这套书给面向青少年的科普图书出版模式点了一把新火。市科委于2021年11月发布了"创作出版'基础前沿科学史'系列精品科普图书"的招标公告，明确要求中标方在一年的时间内，以物质科学、生命科学、宇宙科学、脑科学、量子科学为主题，组织"基础前沿科学史"系列精品科普图书（共5册）出版工作；同步设计制作科普电子书；通过网络媒体对图书进行宣传推广等服务内容。这些服务内容以融合出版为基础，以社会效益为初心。服务内容的短短几句话，每一句背后都是特别繁复的工作内容。想在一年的时间内，尤其是在2022年新冠肺炎疫情期间，完成这些工作的难度可想而知，然而秉承"自强不息，厚德载物"的清华大学出版社的出版团队做到了。

中国科学家，讲好中国故事，这套书给面向青少年的科普图书选题内容点了一把新火。中国特色社会主义进入新时代，新一轮科技革命和产业变革正在深入发展，基础前沿科学改变着人们的生产生活方式及思维模式。《中华人民共和国国民经济和社会发展第十四个五年规划和2035年远景目标纲要》提出：在事关国家安全和发展全局的基础核心领域，制定实施战略性科学计划和科学工程。物质科学、生命科学、宇宙科学、脑科学、量子科学等领域，迫切需要更多人才参与研究，而前沿科学人才的建设培养，要从青少年抓起。这5本书的作者都是中国本土从事相关专业领域工作的科学家，这5本书都是他们依托自己工作进行的原创性工作。虽然内容必然涉及科学史的内容，但中国科学家尤其是近些年的贡献也得到了充分展示。

初心教育，润物无声，这套书给面向青少年的科普图书科普创作点了一把新火。习近平总书记提出：科技创新、科学普及是实现创新发展的两翼，要把科学普及放在与科技创新同等重要的位置。因此，针对前沿科技领域知识的科普成为重点。如何创作广受青少年欢迎的优秀科普图书，充分发挥科普图书的媒介作用，帮助青少年树立投身前沿科学领域的梦想，是当前科普出版工作的重点之一，这对具体的科普创作方法提出了要求。这套书，看得出来在创作之初即统一了整体创作思路，在作者进行具体创作时又保持了自己的语言习惯和科普风格。这套书充分体现了，面向青少年的科普图书创作，应该循序渐进，张弛有度，绘声绘色，娓娓道来，以科学家的故事吸引他们，温故科学家的研究之路，知新科学家的科研理念，以科学精神润物细无声。

靡不有初，鲜克有终。2022 年 10 月 16 日，习近平总书记在中国共产党第二十次全国代表大会报告中强调"教育、科技、人才是全面建设社会主义现代化国家的基础性、战略性支撑"。且将新火试新茶，诗酒趁年华。希望清华大学出版社的这套"基础前沿科学史丛书"为广大青少年推开科学技术事业的一扇门，帮助他们系好投身科学技术事业的第一粒扣子，在全面建设社会主义现代化强国的新征程上行稳致远。

中国工程院院士

清华大学教授　

前言

　　近几年，随着量子科技的发展，"量子"一词越来越频繁地出现在大众的视野中。许多人对量子力学充满好奇，但又对量子力学似懂非懂，感觉它非常神秘，网络上甚至出现了"遇事不决，量子力学"的戏谑之语。在大部分人心目中，量子力学是跟高深莫测联系在一起的。新闻报道中"量子计算机"超凡的计算能力让人们对量子科学又敬又畏，而今年刚刚获得诺贝尔物理学奖的科学家所做的"量子纠缠"又让人们感觉云里雾里、十分新奇，甚至有人将其与心灵感应联系在一起，但实际上，今年获得的诺奖的工作早已完成几十年了，由此可见，公众对量子力学的了解还是十分缺乏的。

　　人类文明发展至今，经历了石器时代、青铜时代、铁器时代、蒸汽时代、电气时代和信息时代。在石器、青铜和铁器时代，中华文明取得了辉煌的成就，一直是世界文明的引领者。但是，从蒸汽时代开始，我们逐渐落后，错过了蒸汽时代和电气时代的发展大潮。好在经过百年奋斗，急起直追，现在的信息时代我们虽然有所落后，但已经逐渐赶了上来。那么，未来的下一个文明时代会是什么时代呢？从目前的科技发展情况来看，很可能是量子信息时代。可喜的是，近年来我国的量子信息科技取得了一系列令世界瞩目的成果，处于领跑的位置，也许在未来的量子信息时代，我们将重新成为世界文明的引领者，这将是实现中华民族伟大复兴的重要一环。各位同学，你们很荣幸，因为你们很可能都将是其中的参与者。

量子力学的发展已经有了一百多年的历史，不管它提出来的时候多么难以理解，但是经过这么些年的发展，它理应成为公众常识的一部分，就像牛顿力学已经成为公众常识一样。而事实上，量子力学的普及程度远远不及牛顿力学，其原因，当然与量子力学与人们的日常生活很难发生交集有关，但是，随着量子信息时代的到来，"量子"将越来越多的出现在人们的生活中，因此，在公众中普及量子科学就成为一件很有必要的事情。作为一个科学与教育工作者和一个为量子着迷二十年的量子爱好者，我很希望尽自己的微薄之力，能为量子科学的普及做一点小小的贡献，让公众尤其是青少年能尽可能地在不涉及深奥的数学的情况下，读懂量子科学并理解其中的奥妙。

实际上，我并不是量子力学的研究人员，我的研究方向属于化学领域，不过，很多人可能不知道，化学跟量子力学有着密切的联系。在19世纪20年代，薛定谔创立了量子力学的数学体系，其中最重要的成果就是求解了氢原子的薛定谔方程，认识了原子结构，这也成为现代化学家认识原子结构的基础。随后，化学家们就开始用量子力学处理各种原子、分子的问题，以及它们之间的反应问题，从而创立了量子化学这一学科。化学家们对于化学键以及化学反应本质的认识，就是基于量子力学得出的理论。近些年，随着量子信息科学的发展，用量子计算机来模拟化学反应成为量子计算机的一个重要应用，事实上，这也是当年费曼提出量子计算机构想的一个重要思路——用量子来模拟量子，因为化学反应在原子、分子层面都要遵循量子力学法则。费曼也曾经说过，理论化学的最终归宿是在量子力学中。所以说，量子化学其实是量子力学的一个重要分支，而我正好在讲授这门课程，因此我对于量子力学是很熟悉的。

其实早在二十年前读研究生期间，我就对量子力学非常感兴趣，这要归功于一本名为《时间之箭——揭开时间最大奥秘之科学旅程》的科普书，这本书让我体会到了量子力学的奇妙之处，直到现在，我还时常拿出来翻阅。当时，我们的"量子化学"课程由黑龙江省教学名师徐崇泉教授讲授，这门课我考了97分，得到了徐老师的赞许。后来，我到哈工大威海校区任教，讲授的第一门课就是"结构化学"，这门课是量子化学的先导课，主要就是应用量子力学原理来处理原子、分子的结构。第一次授课时，受系里邀请，徐崇泉教授专门从哈尔滨赶来对我进行指导，为我更深入地理解量子力学的内涵打下了良好的基础。此后，在一轮又一轮的授课过程中，我越来越深入地认识到了量子力学的奇妙之处，对量子力学产生了越来越浓厚的兴趣。

都说兴趣是最好的老师。任教十多年，我研读的量子物理专业书籍和科普书籍超过百本，对量子力学逐渐有了比较深刻的理解和认识，由此产生了用自己的方式把神奇的量子世界介绍给读者的想法，经过几年的打磨，我的第一本科普作品《从量子到宇宙——颠覆人类认知的科学之旅》诞生了。感谢清华大学出版社的厚爱，感谢出版社编辑的鼓励和支持，让这本书得以出版，从此我也踏上了科普写作的道路。这本书出版以后，入选了中国图书评论学会2017年月度"中国好书"榜单，也获得了读者的广泛好评。山东省科协还专门请我去做了一次有关量子物理的讲座，为科技工作者们进行量子科普，后来我也多次为青少年做过量子科普讲座，反响都很好，这也极大地激励了我对科普创作的信心。

其实，我对上一部作品还是略感缺憾的，因为我当时专注于量子力学的理论，对于量子技术方面介绍得不够，随着近几年量子信息技术的快速发展，我很想找机会弥补这一缺憾，恰好清华大学出版社承接的出版项目中要为青少年创作基础前沿科学史丛书，其中一本就是介绍量子科学，我很高兴能承担这一重任，写一本量子力学理论与技术兼顾的科普作品。

这次创作时间紧、任务重，寒假的两个月则是我最主要的创作时间，甚至大年三十也没歇过一天，终于我自认为保质保量地完成了任务。

事实上，写科普要比讲课更困难，因为量子力学乃至量子技术的授课对象都是高年级大学生，他们已经掌握了高等数学和大学物理知识，用数学的语言跟他们对话，很多东西是比较容易讲解的，但是这次要写科普，必须假设读者是没有相关基础的，这种情况下要把量子科学和技术通俗易懂地讲解清楚，是相当困难的，这对作者的理解深度是一个极大的考验。同时，科普作品还要兼顾趣味性和可读性，既要使读者找到阅读的乐趣，也能使读者掌握基本的科学知识，还要引导读者养成科学思维的习惯，因此，优秀的科普作品其实是不多见的，我希望自己在这些方面能得到读者的认可。同时，我也希望本书能激发青少年对科学的热情，引导他们走上科学探索的道路，这也是本套丛书的创作初衷所在。最后，由于本人能力所限，疏漏和不足之处在所难免，敬请读者朋友们批评指正。

高鹏

2022.11

目 录

量子理论主要创始人获诺贝尔物理学奖一览

1918 年　普朗克　能量量子化与黑体辐射的解释

1921 年　爱因斯坦　光量子与光电效应的解释

1922 年　玻尔　原子能量量子化与原子光谱的解释

1929 年　德布罗意　实物粒子的波粒二象性

1932 年　海森伯　矩阵力学理论与不确定原理

1933 年　薛定谔　波动力学理论

1933 年　狄拉克　狄拉克方程与量子力学理论体系

1945 年　泡利　泡利不相容原理

1954 年　玻恩　波函数的概率统计诠释

1965 年　费曼　路径积分理论与量子电动力学

引　言

　　如果你是第一次听到"量子"这个词，很有可能会以为它是某一种粒子的名字，其实不然，这是一种常见的误解。事实上，"量子"是一种物理概念，这个概念是与经典物理中的"连续"相对立的，它代表的是一种不连续的变化方式，我们称之为"量子化"。

　　我们所熟知的所有微观粒子，如光子、电子、质子、原子、分子等，在微观尺度里都表现出明显的量子特性，这是与我们在日常生活中的认知完全不同的特性，我们所熟悉的许多物理认知，在量子世界中都被彻底颠覆。微观粒子的运动根本不服从牛顿力学，因此，描述微观粒子运动规律的科学就被称为量子力学。

　　量子力学的发现过程，是一幅波澜壮阔的历史画卷，其中，既有人类智力的巅峰对决，也有超出想象的自然之谜。量子现象给人类带来的冲击和震撼，连人类最聪明的大脑都为之惊叹。量子物理对人类文明的推动作用，在过去100年已经带来了一场深刻的技术革命，且在未来的100年，还将继续带来另一场更深刻的技术革命。

下面，就让我们跟随历史的脚步，把这幅画卷徐徐展开，跟那些伟大的物理天才们一起，去探索量子科学的奥秘吧。

第一篇

量子·起源

1 黑暗中的光

1900年是20世纪的第一年，从伽利略时代算起，近代物理学到这时候已经发展了近300年。300年间，物理学家们格物致理、孜孜不倦地探求自然界的奥秘，开辟出了力学、光学、热学、电磁学等多个研究领域，涌现出牛顿、法拉第、麦克斯韦、玻尔兹曼等一大批天才的物理学家。到1900年的时候，人们已经弄清楚了太阳系的运行规律，发现了元素周期表，发明出蒸汽机和发电机，甚至发明了无线电通信……人类对世界的认识和改造达到一个空前的高度，当时很多物理学家自信满满地认为，人类对自然界已经了如指掌，人类对物理学的探索也即将走到尽头，到那时候，宇宙在人类眼里将不再有秘密。

1900年，德国物理学家马克斯·普朗克（1858—1947）刚满42岁，但他已经荣誉满身了。普朗克21岁博士毕业以后，先在自己的母校慕尼黑大学任教，

普朗克

后来又回到家乡的基尔大学任教。凭借自己在热力学领域的出色工作，他在1889年来到了首都柏林，出任柏林大学理论物理研究所的主任，1894年，他当选为普鲁士科学院的院士。

荣誉加身的普朗克，在世人眼里已经是一位非常成功的物理学家了，但他自己却时常会回想起他的大学物理老师冯·约利对他说过的一番话。那时候，他一心想钻研物理，于是申请从数学系转到物理系，没想到，冯·约利居然对他说，物理学的大厦已经建成，剩下的只不过是在一些偏僻的角落里进行边边角角的修补，已经没有什么大的发展前途了。普朗克虽然没有被这些话语劝退，但是这些话却在他的心底深深地扎下了根，他也时常在疑惑，物理学难道真的快走到尽头了吗？

就在他当选院士的那一年，普朗克决定向当时物理学界的著名难题——黑体辐射发起进攻，他希望能攻克这个难题，即便是修补大厦的边边角角，他也要修补最难的那一块。

当物体被加热时，就会发光发热，例如，烧红的铁块在黑暗中会放出橙黄色的光芒（图1-1）。当时物理学家们已经知道，"光"就是电磁波，发光就是辐射电磁波，电磁波携带的能量就是测量出来的"热"。事实上，任何温度高于绝对零度（−273.15 ℃）的物体都在发光发热，只不过，它们发出的"光"并非都是可见光。只有波长在400～700 nm的光才是可见光（图1-2），也就是人类肉眼能识别的电磁波，其他波段的电磁波都是不可见光，人类看不到。例如，人类虽然也在发光，发出的却是肉眼看不到的红外线。而物体只有在被加热到500℃以上时才会发出较强的可见光。

物体发光发热的现象，在物理学上有一个专有名词 —— 热辐射。

图 1-1 烧红的铁块发出可见光

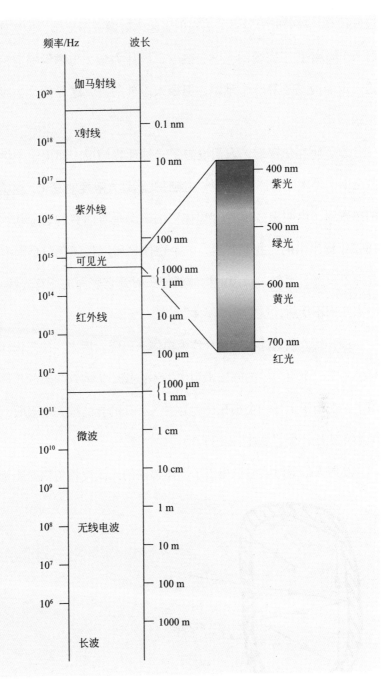

图1-2　可见光在电磁波谱中的范围

温度越高，辐射能力越强。热辐射看起来好像并不复杂，按道理讲，当时人们已经有了完善的光学、热学、统计力学、电磁学等理论，解释这个现象应该不算一个难题，但令人意外的是，这竟然是当时的一大难题。

为了研究热辐射，人们设想了一种理想情况。如果一个物体能吸收全部的外来光，那么当它被加热时就能最大限度地发光，这就是理想的热辐射，也叫黑体辐射。"黑体"的概念是普朗克的老师基尔霍夫在1862年提出来的。我们知道，一个物体之所以呈黑色，是因为它能吸光而不反光。显然，最黑的物体能把照射到它表面的所有光都吸收掉，一点儿都不反射，这就是"黑体"。

最开始人们用涂黑的铂片作为黑体来研究。后来，德国物理学家维恩想出来一个更巧妙的办法来制作黑体：找一个内壁涂黑的耐热的密闭箱子，在箱子上开一个小孔，因为射入小孔的光能被完全吸收，所以这个小孔就是一个"黑体"（图1-3）。

当时人们通过实验已得出了黑体辐射的光波波长与辐射能量之间的

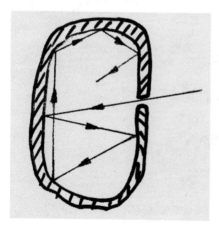

图1-3　空腔小孔黑体

关系曲线，对于一个理想的热辐射来讲，这条曲线是确定的，只随温度变化（图1-4）。但是在理论解释上，却找不到一个合适的公式来描述这条曲线。物理学家们通过经典的热力学和统计力学推导出两个公式，分别叫维恩公式和瑞利－金斯公式，但这两个公式只能分别解释曲线的一半，都无法给出全部曲线的能量密度分布。经典物理学在这个问题上，似乎无能为力。

到1900年，普朗克研究黑体辐射问题已经6年了。身为热力学专

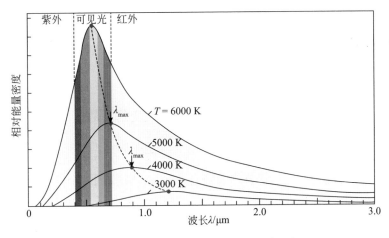

图1-4　不同温度下的黑体辐射能谱曲线

（https://www.chem17.com/tech_news/detail/2195430.html）

家，顶着科学院院士的光环，奋斗6年仍然一无所获，普朗克承受的压力也是巨大的，付出和回报似乎不成比例，能否取得成果还是未知数，难道要在这个问题上耗一辈子？

耗一辈子就耗一辈子！普朗克下定决心。解决一个重大问题胜过解决10个普通问题。普朗克知道，这个问题对整个物理学至关重要。他决定，无论付出什么样的代价，都要找到黑体辐射的理论解释。

扩展阅读

如果我们对比一下普朗克公式和维恩公式，就会发现普朗克仅仅在维恩公式的指数项后面减了个 1，这一点小小的变化，竟产生了天壤之别的结果。二者的区别如下。

维恩公式：$f(\lambda) = \dfrac{b}{\lambda^5 e^{\frac{a}{\lambda T}}}$

普朗克公式：$f(\lambda) = \dfrac{b}{\lambda^5 (e^{\frac{a}{\lambda T}} - 1)}$

式中：$f(\lambda)$ 是黑体辐射能量随波长 λ 的分布函数；T 是温度；e 是自然常数（e=2.718…）；a 和 b 是两个经验参数。

经过 6 年的研究，普朗克非常清楚，经典物理学是无法解决这个问题的。看来，必须要做出一些改变，这个改变是大是小，还不得而知，但是，必须迈出这一步。于是，普朗克决定抛弃经典物理的条条框框，先凑一个公式出来。不管公式的来由是什么，先找到一个能符合实验曲线的公式，然后再来寻找这个公式背后的物理内涵。

普朗克从维恩公式入手，结合 6 年来早已烂熟于心的实验曲线，经过一番推敲，最后，利用数学上的内插法，他竟然真的凑出了一个公式，这个公式可以完全解释整条黑体辐射曲线，分毫不差！这一结果让普朗克欣喜若狂，但更让他紧张焦虑，他已经看到了希望的曙光，但似乎又处在黎明前的黑暗中，他必须找到这个公式背后隐藏的物理奥秘，去迎接黎明真正地到来。

接下来的几个星期，是普朗克一生中最忙碌最紧张的几个星期，他的全部心思都花在了这个公式上面，他不满足于仅仅出于凑巧找到这个公式，他的目标是把这个公式推导出来。他的大脑不停地高速运转，日夜推算这个公式背后的秘密，渐渐地，一幅完全意想不到的图景在他的脑海中清晰起来——能量可以是不连续的吗？他不断地问自己。

在经典物理学中从来没有人问过这个问题，或者说从来没有人意识到这是一个问题。所有人都下意识地认为能量一定是连续的，就像我们在数学中处理一条光滑的曲线一样，可以取到曲线上任意一点的值。但是，普朗克脑海中的图景却不断地告诉他，要想把这个公式推导出来，能量就必须不连续！最终，普朗克痛苦地做出决断，接受能量的不连续性，不管这和经典物理是多么格格不入。

1900年12月14日，在柏林科学院的会议上，普朗克宣读了题为《黑体光谱中的能量分布》的论文，在这篇论文中，他提出了石破天惊的能量量子化假设：电磁辐射的能量不是连续的，而是一份一份的。他将这一份一份的能量单元称为"能量量子"。从此，量子理论正式诞生了。

在普朗克的假设里，就像物质是由一个个原子组成的一样，电磁波的能量其实也是由一份份能量量子组成，每个能量量子携带的能量可以用一个简单的公式表示：

$$E = h\nu$$

其中：ν是电磁波频率[①]；h是普朗克提出的一个新的物理学常数，叫做普朗克常数（$h \approx 6.262 \times 10^{-34}\,\mathrm{J \cdot s}$）。

---

① ν为希腊字母，读音为/nju:/，相对应的另一个表示波长的字母λ读音为/ˈlæmdə/。

能量量子化的概念，是一个全新的、从未有人想到过的概念，经典物理学的大厦里，根本没有这个概念的容身之处。普朗克的老师认为物理学的大厦即将完成，但是，也许普朗克自己都没有意识到，他已经为一座新的大厦的奠基铲起了第一锹土，造出了第一块砖，这座新的物理学大厦就叫量子力学。

量子力学这个名词是和经典力学相对应的，经典力学就是牛顿力学，它研究的是宏观世界里物体的运动规律，而量子力学研究的则是微观世界里粒子的运动规律。宏观和微观的分界线，就取决于普朗克常数。

普朗克常数是量子力学的标志性常数，可以反映微观系统的空间尺度、能量量子化特征等，因此它也成为界定经典物理与量子力学适用范围的重要参数。当普朗克常数的影响趋于零时，量子力学问题将会退化

扩展阅读

在物理学的发展过程中，每当一个重大理论被提出的时候，总是有一个相应的标志性的普适常数出现。例如，牛顿力学中的引力常量、热力学与统计物理中的玻尔兹曼常量、相对论中的真空光速，乃至量子力学中的普朗克常数。

这些常数不仅是相应理论的标志，而且也能反映出各理论之间的关系。例如，物体的运动速率与光速的大小关系成为判断牛顿力学适用范围的一个重要参照，只有当物体速度远远小于光速的时候，牛顿力学才是适用的；或者说，只有当物体速度接近于光速的时候，相对论效应才变得明显。

成经典物理问题。由于普朗克常数非常非常小（图1-5），因此，它对宏观物体和宏观运动的影响基本上等于零，这也是我们在日常生活中看不到量子效应的原因，所以人们才一直误以为能量是连续的。也幸亏普朗克常数如此之小，才让我们的日常世界井然有序、有章可循，如果你进入量子世界，那里变幻莫测的混乱景象可能会使你彻底晕头转向、再无章法可依。当然，这一点，当时的物理学家们还都不知道，普朗克只是造出了第一块砖，量子力学的大厦，还需要更多的天才物理学家们一点一点地构筑。

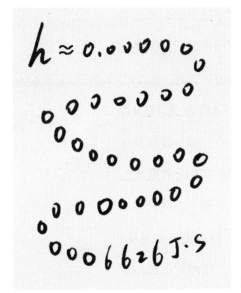

图1-5　普朗克常数

什么是量子？为什么说量子化才是世界的本质？

2 光雨

1905年是物理学史上非常重要的一年，这一年诞生的理论，奠定了整个20世纪物理学的基础，而这些所有的理论竟然都是由同一个人提出来的，他就是阿尔伯特·爱因斯坦（1879 — 1955）。

1905年，爱因斯坦连续发表了4篇论文。这4篇论文每一篇都具有划时代的意义 —— 第一篇解释了光电效应，提出光子的概念，是量子理论的重大发展；第二篇解释了布朗运动，提供了原子存在的重要证明；第三篇提出了狭义相对论，相对论正式诞生；第四篇揭示了质能关系的深层本质，质能方程 $E=mc^2$ 以其简洁优美的形式风靡全世界，成为相对论的代名词。后来，1905年被称为"爱因斯坦奇迹年"。

这一年，爱因斯坦刚刚26岁。这一年，距离普朗克提出能量量子化的观点已经过去了5年，但是在这5年中，量子理论没有任何发展，欧洲各所大学的

爱因斯坦

知名教授们，都还在忙忙碌碌地修补着经典物理学的大厦，没有人能意识到能量量子化到底意味着什么，普朗克的工作几乎无人问津。连普朗克自己都陷入了深深的自我怀疑当中，他对黑体辐射公式的推导存在严重的内在矛盾，这让他觉得能量量子化也许只是权宜之计，难登大雅之堂，所以他一直在尝试如何才能重新回到经典物理学的框架中去推导黑体辐射公式。

在这一年之前，谁也不会想到，全欧洲最有才华的物理天才竟然是瑞士专利局的一个小职员。此时的爱因斯坦，没有加入任何学术组织，只与几位热爱科学与哲学的好友组织了一个叫做"奥林匹亚科学院"的读书俱乐部。几个年轻人都不是学术圈的人，他们有日常养家糊口的工作要做，但从"奥林匹亚科学院"这个颇有气魄的名字就能看出，这是一群志向远大的年轻人。他们挤出周末或者下班时间聚在一起，就他们感兴趣的话题 —— 哲学、物理、数学和文学 —— 一边读书一边讨论。

爱因斯坦的学术之路之所以从专利局起家，并不是他不愿意步入学术殿堂，而是没有一所大学能接纳他。爱因斯坦上大学的时候经常逃课，给老师留下了很差的印象。他不是不爱学习，而是认为老师讲的东西都过时了，无法满足自己的需求，于是就逃课躲到外面去自学。他通读了基尔霍夫、赫兹、玻尔兹曼、洛伦兹、麦克斯韦等物理大师的著作，了解了物理学最前沿的内容，但是这对他的毕业考试并没有太大的帮助，毕竟老师考的重点不在他的阅读范围之内，这导致他的毕业成绩不佳。1900年，也就是普朗克提出能量量子化的那一年，爱因斯坦大学毕业，当时他一心想留校做助教，但是他的老师理所当然地拒绝了一个总是逃课的学生。然后他又给欧洲各所大学乃至中学发出了求职信，但都没有回应。蹉跎两年之后，他才在大学好友的帮助下找到了专利局技术员这样一份工作，总算没有沦落为一个无业青年。

工作和生活稳定下来以后，爱因斯坦终于不用再为养家糊口发愁了，他可以静下心来，研究他心爱的物理学了，纵使只能在业余时间做研究，但对他来说也已经是很难得了。他始终保持着敏锐的目光，追踪着物理学的前沿进展，对物理学的各个方向都有所研究。

"光"是爱因斯坦始终关注的一个焦点，无论是光的速度还是光的本性，都是他思考的问题。这期间，他既了解到普朗克对于黑体辐射问题的解决，也在思考着另一个奇怪的与光有关的难题——光电效应。

1887年，德国物理学家赫兹通过实验首次证实了电磁波的存在，随后，他又证明了光波就是电磁波，全面验证了麦克斯韦的电磁理论。但是，赫兹在验证经典电磁理论的同时，还发现了一个异常的实验现

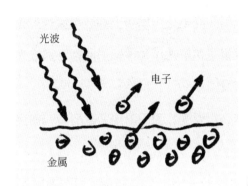

图2-1　光电效应示意图

象——光电效应。

光电效应，顾名思义，就是由光产生生电的效应（图2-1）。金属是由原子构成的，原子又是由原子核和电子组成的。赫兹发现，用紫外线照射某些金属板，可以将金属中的电子打出来，在两个相对的金属板上施加电压，被打出来的电子就会形成电流。这一现象引起众多研究者的兴趣，很快就得到了大量的实验结果，可是电磁波理论在解释这些实验结果时却遇到了严重的困难。

人们发现，决定能否打出电子的关键，不在于光的强度，而在于光的频率。紫外线可以轻易从金属中打出电子，而可见光却不行。当时人们对此百思不得其解，因为按照经典的波动理论，波的强度便代表了它的能量，只要光强足够，就能使电子获得足够的能量脱离金属表面的束缚，所以应该任何频率的光都能打出电子，可实验结果却是再强的可见光也打不出电子，与理论预测完全相反。

自光电效应被发现以来，已经过去了将近20年，但是这一难题仍然无人能解。正所谓初生牛犊不怕虎，面对这样公认的科学难题，年轻的爱因斯坦并没有畏缩，他敏锐的直觉告诉他，经典的电磁理论主要描述宏观上光的整体性质，而黑体辐射和光电效应本质上都涉及微观上光的产生过程，既然普朗克通过能量量子化解决了黑体辐射问题，那么光电效应问题应该也可以从中获得启发。

为什么光电效应中光的频率这么重要呢？爱因斯坦紧紧盯着普朗克的能量量子公式：

$$E = h\upsilon$$

从这个公式来看，能量量子携带的能量只与光的频率 υ 有关，当光照射到金属表面时，其实就是能量量子在不断地冲击金属表面，那么能量量子到底表示什么呢？是一小段波？是最微小的振动？还是别的什么？从普朗克的论文来看，普朗克并没有给出能量量子的明确图像，而这幅图像，应该是至关重要的。

陷入沉思的爱因斯坦，仿佛老僧入定了一般，一动不动，没有人能看得出来，他那天才的大脑正在高速运转。渐渐地，他的眼前仿佛出现了一幅画面：光的能量量子就像一颗颗子弹射向金属内部，被子弹击中的电子获得了子弹的能量，便从金属内部的束缚中挣脱出来。

有了！爱因斯坦一拍桌子，猛地站起身来，电子能不能被打出来，就完全取决于子弹到底能给电子提供多少能量！他激动地在屋子里转了几圈，然后坐在桌子前拿起草稿纸，赶紧推演起来，很快，一个公式就跃然纸上：

$$电子动能 = h\upsilon - 电子逸出功$$

这个公式的意思是：能量量子给电子提供了大小为 $h\upsilon$ 的能量，这些能量除了要帮助电子挣脱金属表面的束缚外（电子逸出功），剩下的就变成了电子的动能。

至此，能量量子的图像在爱因斯坦的头脑中已经完全明确了，这一小份一小份的电磁辐射能量并不是一小段一小段的波，而是一个个粒子，这些粒子是不可分割的，只能被整个的吸收或者发射。爱因斯坦给这些能量点粒子起名为光量子，后来人们改称为光子。

爱因斯坦的光子理论很好地解释了光电效应。因为每一个光子的能量都是固定的 $h\nu$，那么光照射到金属表面，电子所吸收的能量主要取决于单个光子的能量而不是光的强度，光的强度只是光子流的密度而已。因为可见光频率低，其光子的能量不够大，不足以克服电子逸出功，所以没法打出电子。而紫外线频率高，光子能量大，所以很容易打出电子。

爱因斯坦提出光子假设是很大胆的，因为当时还没有足够的实验事实来支持他的理论。直到 1916 年，才有美国物理学家密立根对他的理论作出了全面的验证。有趣的是，密里根在做光电效应实验时，本来是想推翻爱因斯坦的光子理论，所以他一直做了 10 年的实验，10 年间，他不断地提高实验的精度，结果却发现实验精度越高，越能证明爱因斯坦的正确性，最后没办法，他只好承认了爱因斯坦的理论，而且还顺便比较精确地测定出了普朗克常数的值。

爱因斯坦在明确了光具有粒子性以后，随后又进一步根据相对论提出了光子的动量公式：

$$p = h/\lambda$$

式中，p 为光子的动量；λ 为光的波长；h 为普朗克常数。

1923年，美国物理学家康普顿和他的学生吴有训通过康普顿效应的验证实验，证实了光子的确具有动量，为光具有粒子性提供了无可辩驳的证据。

关于光的本性，在历史上曾经有过长期的争论。在17世纪末，以牛顿为代表的粒子派和以惠更斯为代表的波动派进行过长期论战。18世纪，人们发现了光的干涉、衍射等现象，波动说全面占了上风。19世纪后期，随着电磁理论的问世，人们明确了光就是电磁波，粒子论被彻底抛弃。结果没过多少年，爱因斯坦又重新提出光子学说，明确了光的粒子性，那么这一次，光的波动性又该如何看待？

事实上，爱因斯坦在光子理论的两个公式中已经给出了答案。我们再来看一下这两个公式：

$$E = h\nu \text{（光子能量 = 普朗克常数 × 光的频率）}$$
$$p = h/\lambda \text{（光子动量 = 普朗克常数 / 光的波长）}$$

这两个公式看起来简单，实际很不简单。因为爱因斯坦通过这两个公式把粒子和波联系起来了：粒子的能量和动量是通过波的频率和波长来计算的。也就是说，爱因斯坦把光同时赋予了粒子和波的属性，光具有波粒二象性！

波粒二象性的发现，是人类对光的本质的认识的重大突破，由此带来的"蝴蝶效应"，将使人类对物质世界的认识发生重大飞跃，这一飞跃，将在18年后由法国科学家德布罗意做出。而此时，德布罗意还只是一个13岁的小男孩，他正沉浸在历史和文学的海洋中，立志将来要做一名历史学家。

文科生的逆袭 3

　　1911年对于国际物理学界来说是一个重要的年份，因为这一年是历史上最负盛名的物理学术盛会 —— 索尔维会议首次召开会议的年份。参加这次会议的物理学家，大多数都是出现在当今物理教科书里的人物，其阵容之豪华，堪比武侠小说里的华山论剑（图3-1）。

　　这次会议是在比利时首都布鲁塞尔举办的，由比利时的化学家兼实业家索尔维赞助。这次大会的主题是"辐射与量子"，由德高望重的荷兰物理学家洛伦兹主持，专门讨论刚刚登台的量子论。显然，物理学家们已经意识到了量子论对于经典物理学的冲击，他们必须做一次深入的交流与讨论，以把握未来物理学的走向。但是，大多数科学家显然还没做好准备迎接新时代的到来，第一个做报告的是洛伦兹，他用德语、法语和英语三种语言轮流讲演，讲得极为精彩，

图3-1　第一次索尔维会议合影

坐者（从左至右）：（1）沃尔特·能斯特；（2）马塞尔·布里渊；（3）欧内斯特·索尔维；（4）亨德里克·洛伦兹；（5）埃米尔·沃伯格；（6）让·佩兰；（7）威廉·维恩；（8）玛丽·居里；（9）亨利·庞加莱。站者（从左至右）：（1）罗伯特·古德施密特；（2）马克斯·普朗克；（3）海因里希·鲁本斯；（4）阿诺·索末菲；（5）弗雷德里克·林德曼；（6）莫里斯·德布罗意；（7）马丁·努森；（8）弗里德里希·哈泽内尔；（9）豪斯特莱；（10）爱德华·赫尔岑；（11）詹姆斯·金斯；（12）欧内斯特·卢瑟福；（13）海克·卡末林·昂内斯；（14）阿尔伯特·爱因斯坦；（15）保罗·朗之万。

但是，他演讲的题目却是"用经典的方法讨论辐射问题"。

普朗克和爱因斯坦都参加了这次会议，这也是两位巨星的首次会面。此时的爱因斯坦已经是布拉格大学的理论物理教授了。这次会议上，爱因斯坦终于说服了普朗克接受他的光量子理论。要知道，在这之前，普朗克对光量子是持反对态度的。事实上，参加这次会议的大多数科学家都是反对光量子理论的，他们大都希望维持经典物理学的体系，唯独居里夫人是个例外，她坚定地支持爱因斯坦。虽然这是她第一次见到爱因斯坦，但她独具慧眼，对爱因斯坦那透彻的分析能力极为欣赏。

对爱因斯坦来说，这次会议乏善可陈，除了和普朗克、居里夫人、朗之万等几位科学家结下了深厚的友谊之外，面对经典物理学的顽强反抗，他也无可奈何。事后，他对这次会议的总结是："啥也没讨论出来。"

尽管当时"啥也没讨论出来"，但是，这次会议后来却取得了一项"重大成果"——吸引了一位学历史的青年学生改行攻读物理学位，这个青年人就是路易·德布罗意（1892—1987）。

第一次索尔维会议的秘书是法国物理学家莫里斯·德布罗意，他是研究X射线的专家，也是路易·德布罗意的哥哥。莫里斯回家以后，把这次会议的见闻以及这些著名人物的辩论兴致勃勃地给自己的弟弟讲述了一番，还把会议资料拿给弟弟看。

路易·德布罗意本来是学历史的，但是他哥哥在家里建了一座实验室，耳濡目染之下，他对物理也有所了解。这一次，他哥哥讲述的会议见闻让他对这些物理大师向往不已，会议资料里爱因斯坦和普朗克有关量子化概念的文章也让他产生了极大的兴趣，于是，这位历史专业的学生决定放弃历史，转攻物理。

两年后，德布罗意拿到了理学学士学位，这时候，第一次世界大战爆发，德布罗意被征召入伍，在巴黎的埃菲尔铁塔军用无线电报站服役了6年。1918年年底，"一战"结束，德布罗意随后退役。1919年，他

德布罗意

回到巴黎大学跟随朗之万攻读物理学博士学位。

博士生的研究工作需要靠自己独立完成，导师只是提供一些参考意见，于是，德布罗意决定研究自己最感兴趣的量子理论。

从1911年到1919年，短短8年间，随着实验证据的不断出现，物理学界对爱因斯坦的光量子理论已经从普遍反对变成了普遍接受。爱因斯坦提出的光量子理论把原来不相干的波和粒子糅合在了一起，体现出波粒二象性的特点。但是，因为光是一个很特殊的东西，光子的静止质量为零，光速又是所有速度的极限，所以大家也能接受光具有波粒二象性这样的特殊性质，并没有考虑这个性质是否具有普遍性。

德布罗意一直在认真思考光的波粒二象性，他隐约觉得这个现象并不简单，背后或许隐藏着一些更深层次的奥秘，那会是什么呢？他日夜苦思冥想。

时间一晃到了 1923 年。有一天，一丝亮光突然出现在他的脑海中，于是德布罗意灵光乍现、顿悟天机：既然一度被视为波的光具有粒子性，那么反过来，一直被认为是粒子的物质粒子会不会也具有波动性呢？

正所谓厚积薄发，灵感一旦到来，他的思路豁然开朗。德布罗意立刻意识到，波粒二象性应该具有普遍性，爱因斯坦 1905 年的发现应当得到推广，运用到所有的物质粒子，特别是电子上。博士论文的课题，有了！

当然，德布罗意的观点并不是泛泛的哲学观点，他在博士论文里面展开了大量的定量讨论。经过近一年的努力，德布罗意在 1924 年完成了他的博士论文——《量子理论研究》。在论文中，德布罗意把爱因斯坦的公式原封不动地搬运过来，指出实物粒子在运动时，伴随着波长为 λ 的波，粒子的能量和动量与波的频率和波长有以下关系：

$$粒子能量\ E=h\nu$$
$$粒子动量\ p=h/\lambda$$

后来，人们把这种波叫德布罗意波，也叫物质波。

德布罗意是采用类比的方法提出他的假设的，当时并没有任何直接的实验证据，所以，当他参加博士论文答辩的时候，在场的专家问他："如何用实验来证实你的理论呢？"

对于这个问题，德布罗意早就准备好了，他知道，答辩时一定会有人提出这个问题，所以他早就想好了回答："如果让电子通过晶体，它应该会产生一个可观测的衍射现象，这样就能证明它的波动性！"

但是，德布罗意自信满满的回答，并没有完全打动评委。他的导师朗之万和在场的4位评委都对这个大胆的假设充满疑虑，如果授予他博士学位，万一贻笑大方，导师也跟着丢人；可是如果不授予他学位，万一他的想法是正确的，岂不是误人终身？

面对这样艰难的抉择，朗之万想到了爱因斯坦，他们在第一次索尔维会议上结识以后就成了好朋友，经常通信联系。于是，朗之万决定暂缓公布结果，把论文寄给爱因斯坦，听听爱因斯坦的评价再做决定。

很快，朗之万就收到了爱因斯坦的回信。爱因斯坦不愧是爱因斯坦，他具有非凡的科学洞察力，他在回信中对论文给予了极高的评价，并写道："德布罗意揭开了物理学厚重大幕的一角。"这下子，德布罗意

扩展阅读

波的一个特性是遇到障碍物（如狭缝、小孔等）后会绕过其传播，这就是衍射。只有在障碍物的大小与光的波长接近时，才能观察到衍射现象。

如果在一块平板上制作一系列极窄的平行狭缝，就构成了一个光栅，可以用来观察光的衍射现象。

按照德布罗意波的公式计算，实物粒子的波长是非常小的。例如，电子在 1000 V 的加速电压下，波长仅为 39 pm，波长的数量级和 X 射线相近，所以用普通光栅很难检验其波动性。不过晶体倒是一种天然的光栅，因为晶体中原子有序排列可以形成晶面，同一方向晶面平行等距排列，类似于一系列平行狭缝，且"狭缝"间距与电子波长相近，因此可以用来检验电子的波动性。

的博士学位终于稳了。

　　爱因斯坦认识到，德布罗意的发现具有重大意义，应该尽快将其成果向学术界推荐。几个星期后，爱因斯坦就在自己撰写的一篇论文中专门介绍了德布罗意的工作。他写道："一个物质粒子可以怎样用一个波场相对应，德布罗意先生已在一篇很值得注意的论文中指出了。"

　　爱因斯坦的推荐立刻引起了科学界的重视，实验物理学家们开始寻找物质波。1927年，英国科学家G.P.汤姆孙让电子穿过金箔，果然得到了电子的衍射图像（图3-2），而且波长与计算结果一致，证实了德布罗意波的存在。需要注意的是，一个电子在屏幕上只能打出一个亮点，电子衍射图像是由一个个电子的落点重叠起来而显现出来的，这是德布罗意波与经典波的一个重要区别，其物理内涵我们将在后面介绍。

　　实物粒子波粒二象性的发现，是量子力学史上一个重要的里程碑式的事件，量子力学的大厦，终于打好了地基，快要拔地而起了。

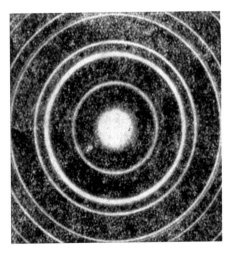

图3-2　电子衍射图像（样品为金箔）

第二篇

量子·创立

4 指纹玄机

　　著名的量子物理大师费曼编写的物理教科书《费曼物理学讲义》是风靡全世界的物理学经典教材，这部教材的开篇第一章就介绍了原子的运动。关于原子的重要性，费曼在书中写道："假如有一天由于某种大灾难，人类所有的科学知识都丢失了，只能有一句话传给下一代，那么怎样才能用最少的词汇来传达最多的信息呢？我相信这句话是原子的假设：所有的物体都是由原子构成的 —— 这些原子是一些小小的粒子，它们一直不停地运动着，当彼此略微离开时相互吸引，当彼此过于挤紧时又互相排斥。"

　　原子是如此重要，所以对于科学家们来讲，搞清楚原子的结构是了解物质世界的基础。现在，我们在量子力学的帮助下，已经对原子的结构有了比较清楚的认识，但是，在1925年之前，物理学家们还处在迷茫之中，那时候，原子的结构还是一个深奥的科学难题。

我们周围的物质都是由原子构成的，原子又是由带正电荷的原子核和带负电荷的电子构成的（图4-1）。原子的半径只有0.1 nm大小，一滴水里就包含了大约10万亿亿个原子。打个比方来说，如果把一个网球里的原子放大到网球那么大，那么这个网球就会变得像地球一样大！原子这么小，是很难被人看到的，所以在历史上关于原子是否存在曾经有过激烈的争论。好在，现在科学家们借助电子显微镜已经直接观察到了原子，这已经是确定无疑的事实。

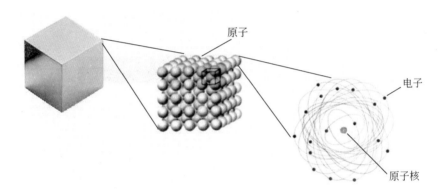

图4-1 物质是由原子构成的

原子核在原子的中心，它占据了整个原子质量的99.99%以上，而原子核的体积却非常非常小。即使把原子放大到一个足球场那么大，原子核也只有绿豆那么小！电子在原子核周围运动，电子更是小得几乎没有体积。也就是说，原子内部大部分地方都是空的。

由于原子实在是太小了，所以电子在核外到底如何运动就只能靠猜。当然，猜也不是乱猜，构建一个原子模型以后，必须能解释已有的实验现象，这样才说明我们的猜测是有道理的。所以，一个合理的原子模型必须要能解释一个很早就被发现的实验现象 —— 原子光谱。

大家都知道牛顿用三棱镜分光的实验，太阳光可以被分解为赤橙黄绿青蓝紫这样连续的光谱。但是在19世纪中期，人们发现并非所有的光谱都是连续的，原子的光谱就不连续。人们发现，将物质气化转变成气态原子，这时候再经过分光仪分光后，得到的光谱是一条条特定波长的分离的谱线，而且每一种元素的光谱都不一样（图4-2）。

原子光谱就像人的指纹一样，可以用来鉴定元素。在那个年代，通过原子光谱来确认新元素的发现是常用的手段，例如，居里夫人发现镭元素就是通过光谱鉴定出来的。但是，令人尴尬的是，虽然这一技术早

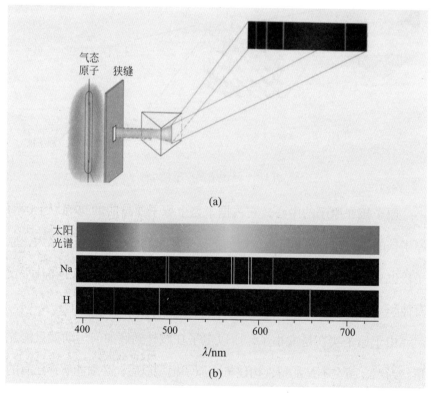

图4-2 原子光谱

（a）原子发射光谱的测试原理；（b）太阳的连续光谱和原子的线状光谱

扩展阅读

巴耳末找到的公式如下：

$$\frac{1}{\lambda} = \left(\frac{1}{2^2} - \frac{1}{n^2}\right) \times 常数 \ (n = 3, 4, 5, 6)$$

其中，λ 是当时发现的氢的前4根谱线的波长。

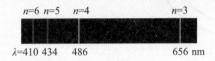

$\lambda = 410 \quad 434 \quad 486 \qquad\qquad 656 \ nm$

已广泛应用，其背后的原理却还没有搞清楚，人们弄不明白为什么原子光谱是特定的谱线而不是连续的光谱。

经典物理学在这个问题上是无能为力的，虽然瑞士的一位中学数学教师巴耳末在1885年找到了氢原子谱线的一些规律，但是他所找到的规律完全是依靠数学直觉，就像我们平时在一堆杂乱的数字中寻找规律一样，其中没有任何物理依据，没有人知道为什么会有这样的规律，也没法从理论上给予解释。

1911年，英国物理学家欧内斯特·卢瑟福（1871 — 1937）发现了

卢瑟福

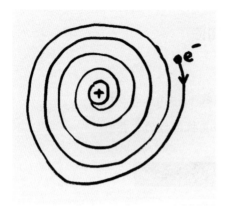

图4-3　卢瑟福原子模型面临的塌陷问题

原子核，并提出了原子的太阳系模型。他把原子类比为一个微型的太阳系，电子被带正电的原子核吸引，围绕原子核进行轨道运动，就像行星围绕太阳运行一样。这个模型看起来很美好，宇宙中的极小（原子）和极大（星系）有着相似的运行规律，显示出自然界的和谐。但是，理想很美好，现实很残酷，这个模型存在巨大的困难，按经典电磁理论，电子在绕核运动的途中会释放能量，轨道也会逐渐变小，最后掉到原子核里，原子转瞬之间就会毁于一旦（图4-3）。但事实上这一切都没有发生，物质世界运行得井井有条，这只能说明这个模型存在着巨大的缺陷。

　　1912年4月，27岁的丹麦物理学家尼尔斯·玻尔（1885—1962）来到卢瑟福的实验室访学。玻尔在一年前刚刚博士毕业，并到英国剑桥大学去访学，但是在剑桥大学他没有找到合适的研究方向，恰好卢瑟福去剑桥大学做讲座，讲了他新提出的原子结构太阳系模型，玻尔立刻被这个迷人的模型吸引住了，于是追随到卢瑟福门下来求学。

　　虽然在卢瑟福门下访学只有4个月，但这4个月让玻尔详细地了解了卢瑟福模型的结构以及其中的疑难。回到丹麦后，他继续潜心研究，

玻尔

希望破解原子结构的奥秘。这时候，玻尔已经有了用量子理论来解释原子结构的想法，但是还没有一个清晰的思路。有一次，他和同事闲聊的时候，同事建议他把原子模型和氢原子光谱联系起来考虑，并让他关注一下巴耳末公式。正所谓一语点醒梦中人，当玻尔一看到巴耳末公式，他一下子就把原子谱线和能量量子化对应起来了，一幅物理图景在脑海中悄然浮现，一切都再清楚不过了。

1913年，玻尔终于成功了，他引入能量量子化和光量子的观点，指出原子轨道的能量是量子化的，电子只能存在于能级不同的分立的轨道上。这样，电子的能量变化只能从一个能级突变到另一个能级，这个变化过程是不连续的，是突跃式的，没有中间的过渡状态，所以叫做跃迁。电子在不同轨道能级之间跃迁的时候，能量变化是固定的，而且能量是以光子形式辐射或吸收的，光子的能量为

$$\Delta E = h\upsilon$$

式中，ΔE 是两个跃迁轨道的能量之差，也就是光子的能量；υ 为光子

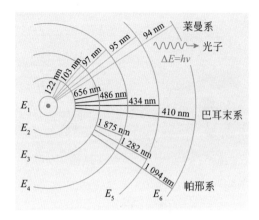

图4-4 玻尔原子模型解释氢原子光谱示意图，电子在各个轨道能级间跃迁会吸收或放出不同波长的光子，从而形成原子光谱

的频率。由于不同轨道的能级差是固定的，于是就只能发出特定波长的光子，形成分离的谱线，如图4-4所示。

玻尔利用量子理论成功地解释了氢原子光谱，揭示了原子的结构，从而一跃成为量子领军人物。但是，他的模型也有明显的缺点。例如，原子轨道的能量量子化只是作为人为规定放在那儿，显得太过生硬，另外，它也只能解释氢原子的光谱，对其他原子的光谱则会出现很大的偏差。所以，原子的奥秘还没有被真正的揭示，还需要等待量子理论的进一步发展。

这一晃就是十几年，时间很快来到了1925年。

在爱因斯坦的大力推动下，德布罗意关于物质粒子波粒二象性的工作引起了物理学界的普遍关注。1925年年底，苏黎世大学物理系主任德拜听说了这一消息，他知道本系教授埃尔温·薛定谔（1887—1961）正在做量子统计方面的研究，熟悉量子领域，就请他为大家做一次报告，将德布罗意的物质波理论介绍给全系教师。

德拜没有找错人，薛定谔当时已经了解了德布罗意的工作。那段

薛定谔

时间，薛定谔为了研究玻色-爱因斯坦统计（参见第8章），曾经多次与爱因斯坦通信进行讨论，并且从爱因斯坦的论文中了解到了德布罗意波。他在1925年11月3日写给爱因斯坦的信中说："几天前我怀着最大的兴趣阅读了德布罗意富有独创性的论文，并最终掌握了它。我是从您那关于简并气体的第二篇论文的第8节中第一次了解到它的。"

薛定谔是一个严谨而认真的人，为了这次报告会，他重新研读了德布罗意的论文，弄清了每一个细节。果然，到了汇报那天，他做了一个清晰而漂亮的报告，自己颇为满意。但是，德拜听完之后，却不屑地点评道："讨论波动而没有一个波动方程，太幼稚了。"

言者无心，听者有意，一句话点醒了薛定谔。薛定谔意识到，这的确是德布罗意学说的不足之处，但这同时正是自己建功立业的好机会，他马上投入到了波动方程的寻找中。几个星期后，他就成功了，这个方程也自然被命名为"薛定谔方程"。薛定谔首先为物质波定义了一个波函数，然后通过薛定谔方程描述波函数随时间的演化过程，由此可以获知量子体系的状态变化。他很快就发表了几篇论文，一举成为量子力学的奠基人。薛定谔的理论以薛定谔方程为核心，用波函数描述物质波，所以被人们称为波动力学。

事实上，薛定谔方程并不是从理论上推导出来的，而是作为假设提出来的。凭借深厚的数学和物理功底，薛定谔从经典力学和几何光学的对比入手，分析物质波的波动方程应该具有的特点，从而提出了薛定谔方程。那么，人们凭什么相信它呢？关键就在于，薛定谔在论文中建立了氢原子的薛定谔方程并求解，求解结果与原子光谱实验测定值吻合得非常好，而且也为玻尔模型中生硬的能量量子化假设找到了理论依据 —— 量子化的得出是由薛定谔方程"自然地"求解得到的，而不像

扩展阅读

求解氢原子的薛定谔方程，可得到电子的能量为

$$E_n = -\frac{1}{n^2} \times 13.6 \text{ eV} \ (n = 1, 2, 3, \cdots)$$

式中，n 是在求解过程中自然引入的参数，只能取正整数，称为量子数。eV 叫做"电子伏特"，是一种很小的能量单位，表示 1 个电子通过 1 伏电压加速后所获得的能量。

因为将电子离核无穷远时的势能定为 0，所以电子能量都是负值。可以看出，由于 n 只能取正整数，所以电子的能量只能取 -13.6 eV、-3.4 eV、-1.51 eV 等这样离散的数值，而不可能是别的数值，这就说明它的能量是量子化的。

$$n = \infty \cdots\cdots E = 0$$
$$n = 4 \text{\textemdash} E = -0.85 \text{ eV}$$
$$n = 3 \text{\textemdash} E = -1.51 \text{ eV}$$
$$n = 2 \text{\textemdash} E = -3.4 \text{ eV}$$

$$n = 1 \text{\textemdash} E = -13.6 \text{ eV}$$

玻尔那样是人为"强加"给粒子的,这样对能量量子化的解释就更为合理和顺畅。

在玻尔的原子模型中,电子像"行星绕日"一样在环形轨道上运行,这是一种假想,并没有科学依据;而在薛定谔的模型中,通过求解薛定谔方程得到的波函数来描述电子的运动状态,更为科学。虽然二者是明显不同的,但是为了方便,人们仍然沿用了当初"轨道"的叫法,把电子的波函数称为"原子轨道"。那么,波函数是如何描述电子的运动状态的呢?这一点,需要等到波函数的物理意义被真正揭示以后才能水落石出。

量子力学是如何诞生的?

5 原来是骰子

科学的发展从来都不是一帆风顺的，薛定谔虽然找到了物质波的波动方程，并用波函数来描述物质波，获得了巨大的成功，但是关于波函数的物理意义，却在物理学界引起了激烈的争论。

波是人们很早就注意到的一种现象，将石子投入水中，水面会上下起伏，发生振动，振动由近及远向四周水面扩散，就形成了水面波（图5-1）。敲钟时，

图5-1　水面波

撞击引起周围空气的振动，此振动在空气中不断传播，就形成声波。于是，人们就把以一定速度传播的振动叫做波。经典的波动是机械波，它需要传播介质，可以扩散和消失，会在空间中弥散开来。

我们觉得机械波很好理解，是因为它是一种真实的波动，物理学家们用波函数来描述机械波中介质质点振动时的位移变化规律。

为了描述物质波，薛定谔也要为其找一个波函数，于是他提出一条基本假设：一个粒子的运动状态可以用一个坐标波函数 $\psi(x, y, z, t)$ 来描述[①]。

之所以称作坐标波函数，是因为波函数的数值是随着坐标变化的，不同坐标点的数值是不一样的。显然，在某一时刻 t 下，在空间中每一点 (x, y, z) 上波函数都有一个数值，也就是说，波函数表示的是粒子在空间中的一种存在状态，所以现在人们更愿意称之为态函数。但薛定谔坚持认为，他的波函数代表一种真实的物理波动，一个个的粒子只不过是这种波动的凝聚的体现。他的看法遭到了以玻尔为代表的很多物理学家的反对。

经典的波动是需要传播介质的，波动事实上就是介质的振动，但是，物质波不需要任何传播介质，因为做验证电子波动性的实验时，是在高真空条件下进行的。因此，很多物理学家都对薛定谔的真实波动图景表示怀疑。

1926年9月，玻尔邀请薛定谔到哥本哈根进行学术演讲，介绍他的新理论。报告结束后，玻尔留薛定谔住了下来，日夜探讨这一理论。

---

① ψ 为希腊字母，读音为 /psai/，另一个相似的字母 ϕ 读音为 /fai/。

讨论过程中，玻尔对薛定谔的波函数诠释发起强烈质疑。我们现在知道，薛定谔的诠释是错误的，可想而知，他面对玻尔的质疑，很难自圆其说。

自己呕心沥血得到的新理论，受到了量子权威人物的质疑，任谁也不能不着急，薛定谔急火攻心，病倒了。他躺在床上，由玻尔夫人照料他的生活。但即便如此，玻尔仍然坐在他的床边，继续对他说："但是你肯定理解，你的物理解释是不充分的……"

薛定谔简直要绝望了，他闭着眼睛，痛苦地说："我真后悔，我为什么要搞这个量子理论……"

玻尔一看情势不对，赶紧安慰道："我们所有人都感谢你。你的波动力学在数学上清晰简单，这是一个巨大的进步。只是，有一些问题是必须搞清楚的……"

那么，如果薛定谔对波函数的物理诠释不正确，到底什么才是正确的诠释呢？

答案很快就揭晓了 —— 概率！

1926年，德国哥廷根大学物理系教授马克斯·玻恩（1882 — 1970）给出了一个可以让人接受的诠释，他认为，波函数并不像经典波一样代表实在的波动，他只能代表粒子在空间出现的统计规律："我们不能肯定粒子在某一时刻一定在什么地方，我们只能给出这个粒子在某时某处出现的概率，因此物质波是概率波，物质波在某一地方的强度与在该处找到粒子的概率成正比。"

玻恩给出的波函数的具体的物理诠释是：波函数 $\psi(x, y, z, t)$ 的绝

玻恩

对值的平方 $|\psi(x, y, z, t)|^2$ 代表 t 时刻在空间（x, y, z）点发现粒子的概率密度。

在经典物理学中，波的强度正比于振幅的平方。现在，$|\psi|^2$ 表示概率密度（即概率波的强度），因此波函数 ψ 可以看作是概率波的振幅，简称概率振幅或概率幅。

总结一下，波函数已经出现了几种不同的叫法 —— 波函数、态函数、概率幅；叫波函数是因为它能描述粒子的波动性，叫态函数是因为它能描述粒子的量子状态，而叫概率幅是因为它的平方反映概率波的强度。这三种不同的叫法从不同侧面反映出波函数所蕴含的物理内涵。

这样，概率作为一种基本法则进入了物理学，物质波只是一种概率波，并非真正的物理波动，波函数只允许计算在某个位置找到某个粒子的概率。对某一物理量进行测量，只能预测出现某一结果的概率，却不能预测一定会得到什么结果。

玻恩找到波函数的概率诠释以后，原子中电子运动的秘密终于被破解了。原子轨道波函数给出的是电子在空间某点的概率幅，波函数的平方决定了电子出现在这个点的概率密度。将波函数的平方作图，就能看出电子在原子核周围空间的概率密度分布，这就是我们通常所说的"电子云"。

电子云的图像并不容易在纸面上表现出来，它本身应该是一个三维空间图像，以原子核为中心，周围空间中每一个点都有一个具体的概率密度数值。为了表现这些数值的大小，人们想到了一个办法，将每一点的概率密度数值与颜色深浅相对应，颜色越深的点表示概率密度越大，越浅的点表示概率密度越小。为了方便观察，通常只画出通过原子核的二维截面，如图5-2所示。如果用一句话来描述核外电子的运动规律，那

扩展阅读

波函数在很多情况下都是复数。任意一个复数 $z=a+bi$ 可以表示成复平面上的一个向量，此向量的长度是 $\sqrt{a^2+b^2}$，称为复数 z 的模或绝对值，记为 $|z|$（如图5-1所示）。显然，复数的模的平方 $|z|^2=a^2+b^2$。如果 z 是一个实数，则 $|z|^2=z^2$。

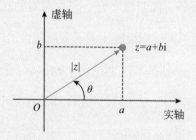

复数在复平面中的表示（a 是实部，b 是虚部，i 是虚数单位，$i^2=-1$，$|z|$ 是模）

就是：电子没有固定的运动轨迹，只有概率分布的规律。

　　值得一提的是，玻恩依靠量子力学，系统地建立了固体的晶格动力学理论。20世纪50年代，玻恩与我国半导体物理奠基人黄昆先生合著的《晶格动力学理论》，一直是固体物理领域的权威著作。

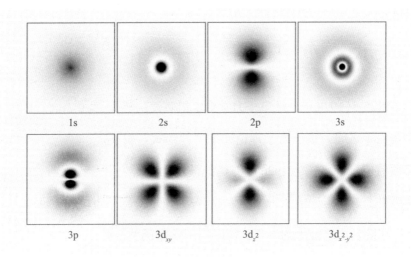

图5-2　不同原子轨道的电子云图

什么是电子云？它是电子
在核外出现的概率吗？

6 男孩们的物理学

1925 — 1928 年，是量子力学史上最辉煌的年代，短短几年之间，量子力学理论迎来"井喷式"发展。回顾历史，薛定谔在 1926 年创建的波动力学，并不是历史上首次出现的量子力学的数学表示形式。事实上，在薛定谔之前大约半年，德国物理学家沃纳·海森伯（1901 — 1976）已经提出了量子力学的一种数学表示形式，由于它主要依靠矩阵来描述物理量，所以被称为矩阵力学。

创建矩阵力学时，海森伯只有 24 岁，还是一个大男孩。海森伯从小就很有数学天分，13 岁时就掌握了微积分。1920 年，19 岁的海森伯中学毕业，进入慕尼黑大学攻读物理学，师从著名理论物理学家索末菲。在读大学的第一学期，海森伯就对当时还没解决的物理难题 —— 反常塞曼效应提出自己独到的见解，令索末菲刮目相看，直接把他升到研究生班攻读博士学

海森伯

位。海森伯对时间、空间、原子结构、量子理论等大题目很感兴趣，也愿意投入精力研究，但是，索末菲认为海森伯应该加强基础训练，就给他选定了一个流体力学方面的题目作为博士课题进行研究。海森伯对流体力学并不喜欢，但为了毕业，只好硬着头皮搞研究。1923年，他终于写出题为《关于流体流动的稳定和湍流》的博士论文，虽然博士答辩时磕磕巴巴，有一些简单的问题也没答上来，但总算拿了个及格分勉强过关，取得了博士学位。

博士毕业后，海森伯就抛开流体力学，全身心地投入到量子理论的研究中。事实上，早在博士毕业前一年，他就下定决心要研究量子理论，而这一切，要从他与玻尔的一次散步开始说起。

那是1922年初夏，玻尔应邀到德国哥廷根大学讲学，报告他的原子结构理论。那时候的玻尔，已经是量子学派的掌门级人物，他在丹麦首都哥本哈根建了一个理论物理研究中心，向全世界开放。那是广大青年学子心中的量子圣地。听闻玻尔前来德国演讲，索末菲特意带着他的得意门生海森伯赶到哥廷根去听讲。

海森伯学过玻尔的原子结构理论，知道相关内容，但是听玻尔本人亲自讲，却似乎完全不同了。海森伯清楚地意识到，玻尔所取得的研究成果首先靠的是直觉和灵感，然后才有计算和论证。这让他深受启发。

玻尔的量子理论还存在很多难以解决的困难，在玻尔演讲结束后，海森伯提了一个与玻尔意见相左的问题，这立刻引起了玻尔的注意，发觉这是一个可造之才，演讲结束后，便邀他一起去郊外散步。这次散步，玻尔与海森伯足足谈了3小时，玻尔对海森伯坦诚相见，并不掩饰他对于自己理论的困惑与烦恼，这让海森伯颇为意外，海森伯这才意识到，量子理论才刚刚起步，还有大片的未知领域等待开发，在这一刻，他就下定决心要把发展量子理论作为终生的事业。散步结束后，玻尔邀请海森伯有机会去他那里访问。

这一别，就是两年。1923年，海森伯博士毕业后，先来到哥廷根的玻恩门下担任助手。当时玻恩正在思考如何解决玻尔的理论没法解决的多电子原子的量子化的问题，这正是海森伯感兴趣的方向。

1924年，玻尔给海森伯争取到一笔奖学金，海森伯终于来到玻尔门下，与玻尔一起工作。在玻尔的悉心栽培下，海森伯进步神速。第二年，他就发明了一种用"表格"来处理原子光谱的量子力学方法。当他把论文寄给玻恩看时，玻恩立刻发现，海森伯发明的"表格"其实就是数学中的矩阵，而且海森伯的方法意义重大，据此可以建立一整套量子

扩展阅读

矩阵就是一个矩形排列的数值表，一般是 n 行 n 列，例如，下面的 A 和 B 就是两个 2 行 2 列的矩阵：

$$A=\begin{pmatrix} 1 & 2 \\ 3 & 4 \end{pmatrix}, \quad B=\begin{pmatrix} 5 & 6 \\ 7 & 8 \end{pmatrix}$$

矩阵除了可以进行加减乘除这样的计算，它还具有一些特殊的操作，如行列相互调换等。矩阵操作能用于对多个变量在多次观测中的复杂关系进行求解。

矩阵有一个重要的性质就是不满足乘法交换律，例如，上面两个矩阵相乘，$AB \neq BA$（读者可试着找找其中的乘法规则）：

$$AB=\begin{pmatrix} 19 & 22 \\ 43 & 50 \end{pmatrix}$$

$$BA=\begin{pmatrix} 23 & 34 \\ 31 & 46 \end{pmatrix}$$

矩阵乘法的不可交换性是量子力学里算符不可交换性的数学基础，会导致完全无法用经典力学理解的量子效应，如海森伯不确定关系（见第 7 章）。

力学的新理论。玻恩十分兴奋，他立刻联手另一位数学家约丹，和海森伯一起，很快就发展出矩阵力学理论。海森伯也由此一跃进入顶尖量子物理学家的行列。

矩阵力学虽然抢先登场，但是运用的数学太过复杂，物理含义太过抽象，让物理学家们很是头疼。而薛定谔方程是一个偏微分方程，是物理学家们熟悉的数学形式，所以当波动力学出现以后，立刻受到了普遍的欢迎。

短短半年之内，一下子出现两种量子力学，真是让人无所适从，两种看起来完全不同的理论都能解释相同的实验现象，这实在是令人费解的。到底谁对谁错呢？谁的孩子谁心疼，一开始，薛定谔和海森伯两人都为自己的理论辩护，认为只有自己才是正确的，排斥对方的理论。薛定谔在他的一篇论文中声明："我绝对跟海森伯没有任何继承关系。我自然知道他的理论，但那超常的令我难以接受的数学，以及直观性的缺乏，都使我望而却步，或者说将它排斥。"海森伯也在写给朋友的信中说他发现薛定谔理论是"令人厌恶的"。

但是，要想驳倒对方，就要了解对方。正所谓知己知彼，百战不殆。薛定谔为了驳倒海森伯，开始仔细研究海森伯的理论，结果这一研究才发现，原来是大水冲了龙王庙，一家人不识一家人，这两种理论在数学上竟然是等价的。1926年，薛定谔证明，任何波动力学方程都可变换为一个相应的矩阵力学方程，反之亦然。这一发现终于化干戈为玉帛，此后，两大理论便统称为量子力学。

简单来说，量子力学的这两种数学形式，体现了"波粒二象性"的不同表现：矩阵力学外表描述粒子，将波动性隐藏其中；波动力学则相反，外表描述波动性，而将粒子性隐藏起来。所以二者乍一看好像毫无共同之处，其实是一样的。

1928年，英国物理学家保罗·狄拉克（1902—1984）补上了最后一块拼图，他运用数学变换理论，把波动力学和矩阵力学统一了起来，使其成为一个概念完整、逻辑自洽的理论体系，自此，量子力学终于正

狄拉克

式建立起来了。图6-1梳理了量子力学建立的历史脉络。

狄拉克自幼聪颖，16岁就上了大学，读电机工程专业。在大学期间，他对爱因斯坦的相对论非常感兴趣，虽然年纪不大，但是他把广义相对论里的黎曼几何都搞得一清二楚。要知道，黎曼几何是相当艰深的，很多物理学者都望而生畏。而当大多数物理学者还只能欣赏相对论的时候，狄拉克已经在求解引力场方程了。19岁时，狄拉克获得了工

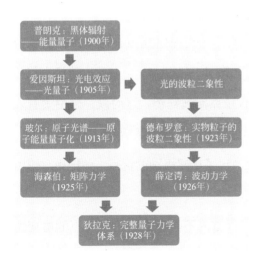

图6-1 量子力学建立的历史脉络

程学位，但是，他并没有就业，而是转到了数学系，继续攻读数学学位，很快，数学系的老师和同学就对他的数学能力刮目相看。

有一次，一位老师正在讲课，黑板上已经写满密密麻麻的符号和公式，同学们都在忙着埋头记笔记。这时候，老师却突然不讲了，盯着黑板发愣，同学们这才发现，课讲不下去了，推导出现了矛盾，没法继续讲了。老师看了好一会儿也没找出原因，只好求助狄拉克："哪里出了错，你能把它指出来吗？"狄拉克不慌不忙地走到讲台上，不但把错误指了出来，还说出如何去更正它。原来，狄拉克早已注意到这个错误。

在数学系的3年，狄拉克不仅打下坚实的数学基础，还从数学的角度反复地对物理学进行了思考。他认识到，要想用最简洁的语言表述自然规律，最好的方法就是利用数学。

1923年，狄拉克到剑桥大学读研究生，研究相对论，第二年毕业后继续留校做研究。1925年，海森伯来到剑桥大学做演讲，他介绍自己最近所写的关于矩阵力学的论文。这次演讲立刻引起了狄拉克的兴趣，他决定把研究方向从相对论转向量子力学。

1926年9月，狄拉克到玻尔的理论物理研究中心访问，在这里待了半年多。1927年2月，他又到了德国哥廷根大学，在此也待了半年并结识了玻恩等人。同年10月，狄拉克回到剑桥。这时候，恐怕没有人意识到，这位年仅25岁的年轻人，已经对相对论和量子力学了如指掌。正所谓厚积薄发，第二年，他就做出了诺奖级别的贡献，他把相对论引入量子力学，建立了狄拉克方程。

狄拉克早就发现，薛定谔方程首先不具备相对论条件下的协变性质，不适用于超高速运动的粒子；其次没有把电子的自旋性质囊括进去，而电子的自旋，就像它的质量、电量一样，也是电子的重要性质。经过不断地尝试，他终于发现了相对论形式的薛定谔方程，也就是狄拉克方程。这一方程不但解决了上述两个问题，还预言了反物质的存在，使量子力学理论登上了一个新的高度。

霍金曾这样评价狄拉克的贡献："狄拉克阐述了任何系统的量子力学的一般规则，这些规则结合了海森伯和薛定谔的理论并指出它们的等价性。在现行量子力学的三个奠基人中，海森伯和薛定谔的功劳使他们各自看到了量子理论的曙光，但是正是狄拉克把他们看到的交织在一起，并揭示了整个理论的图像。"

扩展阅读

与牛顿方程比肩 —— 薛定谔方程

薛定谔方程在量子力学中的作用，相当于牛顿方程在经典力学中的作用。处理量子力学问题，首先就是写出薛定谔方程，然后进行求解，可解出能量与波函数，进而可求其他可观测量。正是通过对薛定谔方程的求解，人们认识到了微观世界许多奇异的量子特性。所以，让我们一起来欣赏一下这个伟大的方程。

薛定谔方程是由两个能量算符作用于波函数上构成的恒等式：

$$\hat{H}\psi = \hat{E}\psi$$

式中，$\hat{H}$和$\hat{E}$都是能量算符；$\hat{H}$是用动能与势能之和表示的能量算符，也叫哈密顿算符；$\hat{E}$是用时间表示的能量算符；ψ是体系的波函数，即$\psi(x, y, z, t)$。如果给定粒子的初始状态，就可以通过薛定谔方程求解出任一时刻的状态，也就是说，薛定谔方程描述了波函数随时间的演化过程。

上面的式子看起来很简单，但是如果把两个能量算符的具体形式代入，它就变成了下面的样子：

$$\left[-\frac{\hbar}{2m}\left(\frac{\partial^2}{\partial x^2}+\frac{\partial^2}{\partial y^2}+\frac{\partial^2}{\partial z^2}\right)+\hat{V}\right]\psi = i\hbar\frac{\partial}{\partial t}\psi$$

式中，$\hat{V}$ 是势能算符；$\hbar = h/2\pi$，称为约化普朗克常数（因为量子力学中经常用到 $h/2\pi$ 这个数，为了书写方便，将其记为 $\hbar$）。

这是一个复杂的偏微分方程，对于本书的读者来讲，没有必要去深究其数学上的细节，我们只要知道这是一个微分方程就行了。微分方程是牛顿的天才性创造，它可以把一个复杂的运动过程分解为无穷多个微小的部分来研究，微分方程也因此成为物理学中最基本的方程形式。无论是牛顿力学，还是量子力学和相对论，都离不开微分方程。

看到这儿，读者可能心里还在疑问，到底什么是算符呢？算符其实并不难理解，它就是把一个函数变成另一个函数的运算符号，如相乘、开方、求导等都是算符。根据量子力学的算符假设，微观体系的每一个"可观测量"（如坐标、动量、角动量、能量等）都与一个算符相对应，算符用该物理量加一个倒三角来表示（例如，坐标 x 的算符记为 $\hat{x}$，动量 p 的算符记为 $\hat{p}$，势能 V 的算符记为 $\hat{V}$）。

读者要问了，为什么要规定这些算符呢？在此处，引入算符的目的是运算。算符的运算对象主要是波函数，根据基本假设，把一个物理量的算符作用在波函数上进行运算，如果结果正好等于一个常数乘以这个波函数，那么这个常数就是这个物理量的本征值，这个波函数就叫做本征态。

例如，把能量算符（哈密顿算符）作用在氢原子的 1 s 轨道波函数上，正好等于 –13.6 eV 乘以 1 s 轨道波函数，即

$$\hat{H}\,\psi_{1s} = -13.6\,\text{eV} \times \psi_{1s}$$

那我们就说，氢原子 1 s 轨道电子的能量等于 –13.6 eV，这是能量的本征值，ψ_{1s} 是能量的本征态。

每一个算符都对应一系列本征态和本征值，本征值对应着该物理量的可能的观测结果。在本征态下测量此物理量，将测得确定的本征值；在非本征态下测量此物理量，测量结果不确定，但必为某一个本征值，且测量以后波函数坍缩到该本征值对应的本征态。

在量子体系的诸多状态之中，有一类特殊的状态，那就是能量取确定值的状态，称之为定态。定态下能量的取值不随时间变化，概率分布也不随时间变化，对应的波函数 $\psi(x, y, z)$ 不含时间，称为定态波函数。于是含时薛定谔方程式可退化为定态薛定谔方程：

$$\hat{H}\psi = E\psi$$

式中，E 为体系能量。可以看到，定态薛定谔方程就是哈密顿算符满足的本征方程，求解此方程，即可得到体系的能量本征值与本征态波函数，从而了解体系的量子力学运动规律（想进一步深入了解的读者可参阅附录）。

不难看出，哈密顿算符是薛定谔方程的根基，神奇的是，哈密顿量（体系的动能和势能总和）也是经典力学的根基。哈密顿量是由爱尔兰数学家哈密顿提出来的，他从哈密顿量出发严格地推导出了牛顿力学，从而把牛顿力学纳入一个新的数学框架中。

量子力学颠覆了牛顿力学，但是哈密顿量不但没有被量子力学抛弃，反而提升为哈密顿算符，成为量子力学的基础。

波函数、薛定谔方程、算符、本征值与本征态，这些都是量子力学的基本假设，类似于几何学中的公理，没法证明，但是由此推出的所有结论都能很好地解释和预测实验结果，所以得到了大家的公认。

量子力学的五个基本假设

第三篇

量子·颠覆认知

7 无迹可寻

　　虽然薛定谔是波动力学的创始人，但波函数的解释权已经完全脱离了薛定谔预定的轨道。人们普遍接受了玻恩对波函数的概率诠释。波函数只允许计算在某个位置找到某个粒子的概率，对于体系的演化，只能预测某一结果的概率，却不能预测一定会得到什么结果。概率作为一种基本法则进入了量子力学。

　　但是，包括薛定谔在内，还有许多物理学家对量子力学这种固有的不可预测性持怀疑态度，其中的带头人便是爱因斯坦。在经典力学中你掷一个骰子（图7-1），我们说你只能预测一个概率，每个面朝上的概率都是1/6，但这是因为我们忽略了很多物理细节，例如，抛骰子的力度、角度、手法，骰子自身的弹性、棱角、密度分布，以及空气分子的分布情况、桌面材料的弹性，等等，如果你把所有因素都考虑进去，所有细节都能掌握的话，那么骰子抛出的一瞬

图 7-1　经典的概率统计 —— 掷骰子

间，就可以准确地预测它的运动轨迹，因此也一定能准确地预测它到底哪面朝上，这时候，结果是确定的，不存在概率性。因此，持怀疑态度的物理学家认为量子力学中的概率性也是因为测量不精的原因，如果你能把所有细节都测量出来的话，它就不会呈现概率性。这种想法似乎有一定道理，但是，海森伯在1927年发现了一条量子力学的基本原理，直接否定了这种想法。

海森伯发现的原理叫不确定原理：有一些成对的物理量，要同时测定它们的任意精确值是不可能的，其中一个量被测得越精确，其共轭量就变得越不确定。例如，坐标与相应的动量分量、能量与时间等（两个共轭量相乘后的单位正好是普朗克常数的单位 J·s）。

对于坐标与相应的动量分量，不确定原理的数学表达式是

$$\Delta x \cdot \Delta p_x \geqslant \frac{\hbar}{2}$$

上面的关系式表明，在量子力学里，一个粒子不可能同时具有确定的位置和速度，一个粒子的位置测得越精确，它的速度就越不精确，反之亦然。因此，在测量粒子的位置和动量时，它们的精度始终存在着一个不可逾越的限制，也就是说，你不可能准确地测量一个粒子的运动轨迹，这不是测量仪器的精度问题，而是自然界的根本属性，这样的话，它的概率性就成了必然。因此，量子力学里的概率和经典力学里的概率是不一样的，经典力学里的概率来自于测量的不精确，而量子力学里的概率来自于体系自身的内在属性。或者说，量子力学的概率内涵是绝对的。

从某种意义上来说，正是量子力学的概率内涵，让我们的人生充满着不确定性。作为由天文数字的基本粒子组成的集合体，人体内部每个粒子的即时运动都是不可预测的，因此我们的未来也是不可预测的，这样，我们自身的努力才是有意义的。如果一切都是决定性的，那我们的人生就像演电影一样，只能按照已经预定好的剧本一路演下去，那人生的意义何在呢？所以说量子力学的不确定性对人类来说是幸运的，它让我们避免成为大自然的提线木偶，而让我们成为自身命运的主宰。

因为物理学界对量子力学的概率诠释一直存在争议，所以量子力学自诞生以来经历了各种非常严格的实验检验，但到目前为止，还没有发现任何能够推翻量子力学的实验证据。

不一样的骰子 8

虽然我们经常用掷骰子来作为量子力学概率性的比喻，但是，如果你掷的不是一个骰子，而是多个骰子的话，你可能不会想到，量子力学中的概率统计和经典物理中的概率统计是不一样的。而这一发现，来自于一次"错误"的授课。

1922年，印度达卡大学物理系讲师纳特·玻色（1894—1974）正在给学生讲授黑体辐射，讲授过程中，他以爱因斯坦提出的光量子为对象，运用经典的麦克斯韦–玻尔兹曼统计来推导公式，打算向同学们展示公式推导过程中的疑难。但是，当他推导完毕以后，结果让他目瞪口呆，他竟然推导出了普朗克的黑体辐射公式！

要知道，普朗克当年凑出黑体辐射公式以后，虽然自己给出了一个推导并首次提出量子化的概念，但他的推导是存在严重缺陷的。后来，爱因斯坦给出了一个新的推导，但也并不是完美无缺的，也就是说，那时候还没有人能从理论上完美地推导出普朗克公式。现在，玻色竟然无意间完成了这一重大发现。

昨天备课时候还不是这样的，今天怎么变了呢？玻色仔细检查了他的推导过程，这才发现，他在讲课时，由于疏忽，犯了一个"小错误"。

我们可以举个最简单的例子来展示他犯的错误。假设加热黑体的时候，黑体会辐射出两个光子，每个光子都有50%的概率处于频率v_1，50%的概率处于频率v_2，那么请问，两个光子都处于频率v_1的概率有多大？

这个问题如果用经典概率统计来计算，很简单，答案为25%。因为有以下四种情况如图8-1（a）所示。

第 1 种可能	两个光子都处于 v_1
第 2 种可能	两个光子都处于 v_2
第 3 种可能	光子 1 处于 v_1，光子 2 处于 v_2
第 4 种可能	光子 1 处于 v_2，光子 2 处于 v_1

但是，玻色在黑板上推导的时候，却犯了一个"错误"，他只考虑到了以下三种情况如图8-1（b）所示。

第 1 种可能	两个光子都处于 v_1
第 2 种可能	两个光子都处于 v_2
第 3 种可能	两个光子一个处于 v_1，另一个处于 v_2

这样，按照他"错误"的推导，两个光子都处于v_1的概率变成了1/3。这样误打误撞，竟然推导出了黑体辐射公式。

找到了自己的"错误"，玻色立刻意识到，这里面大有玄机！经过仔细分析，他发现这两种概率的区别就在于：经典统计里，两个光子是

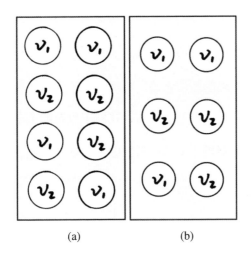

图 8-1　经典统计和玻色统计的区别
（a）经典统计；（b）玻色统计

可以区分的，而在自己新的统计中，两个光子是不可区分的！

这让他大为兴奋，把自己的发现写了一篇论文，题目是《普朗克定律与光量子假说》。在文中，玻色指出经典的麦克斯韦-波尔兹曼统计不适合于微观粒子，并用自己提出的所有光子不可区分的假设，推导出了普朗克定律。

然而，当他把论文投递给英国一家知名杂志后，主编认为玻色犯了十分低级的错误，论文毫无价值，直接退稿了。无奈之下，玻色想到了爱因斯坦，他决定直接将论文寄给爱因斯坦，向爱因斯坦求助。

1924 年 6 月，爱因斯坦收到了玻色的论文。爱因斯坦立刻意识到玻色的发现具有重大意义。他亲自将玻色的论文翻译成德文，并将其推荐给德国最主要的物理刊物。同时，受玻色工作的启发，爱因斯坦自己也写了一篇关于光子统计的论文，两篇文章在同一刊物一起发表出来。这种新的统计方法后来被人们称为玻色-爱因斯坦统计。

在量子统计中，由于相同的粒子具有不可区分性，因此被人们称为全同粒子。在经典物理学中，是没有全同粒子的，因为经典物理学中的粒子都具有明确的运动轨迹，是可以明确区分的。而量子理论中，由于不确定原理的限制，粒子没有明确的运动轨迹，再加上粒子波函数在空间中的重叠，导致各个粒子完全没法区分。例如，氦原子里有两个电子，这两个电子就是全同粒子，假如将两个电子交换位置，这个氦原子看不出任何状态上的变化。

不久以后，人们又发现，即使是全同粒子，它们的统计规律也不同，例如，电子就和光子不同。举例来说，电子有个性质叫自旋，既可以自旋向上，也可以自旋向下。对于基态氦原子，它的两个电子都处于1s轨道上，如果电子的统计规律像光子一样，那么这两个电子的自旋状态就有三种可能：两个都向上、两个都向下、两个正相反（图8-2（a））。但事实上，这两个电子的自旋状态只有一种可能：两个正相反（图8-2（b））。

电子的这种统计规律叫费米-狄拉克统计。为什么会这样呢？原因就在于，电子还受另一个原理的制约 —— 泡利不相容原理。

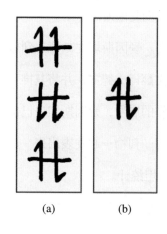

(a)   (b)

图8-2　玻色统计和费米统计的区别

（a）玻色统计；（b）费米统计

泡利

沃尔夫冈·泡利（1900 — 1958）是海森伯的师兄，他也师从慕尼黑大学的索末菲。1918年，18岁的泡利中学毕业，他不想读大学，觉得太浪费时间，就直接去找索末菲，要读他的研究生。不可思议的是，索末菲对他进行面试以后，居然同意了，这样，一个中学生直接成了研究生。

但是，索末菲可不是胡闹，泡利是真的有才华。1921年，德国的《数学科学百科全书》邀请索末菲撰写关于相对论的一卷，索末菲无暇撰写，就推荐了泡利，编委会出于对索末菲的信任，就同意了。结果，21岁的泡利很快就写好了一篇200多页的相对论介绍，精辟地论述了狭义和广义相对论的数学基础和物理原理，很多地方都有自己独到的见解。

书出版后，索末菲给爱因斯坦寄了一本，爱因斯坦读后，大加赞赏，当他得知作者仅仅21岁，还是一个学生，更是吃惊。他评价道："任何该领域的专家都不会相信，该文竟然出自一个年仅21岁的年轻人之手。作者对这个领域的理解力、熟练的数学推演力、深刻的物理洞察力、表述问题的清晰性、系统处理的完整性、语言把握的准确性，会使任何一个人都感到羡慕。"

1921年，泡利博士毕业，被索末菲推荐到哥廷根大学的玻恩门下做助手。1922年，玻尔到哥廷根大学讲学，在和泡利接触后，很欣赏他的才华，就邀请泡利到哥本哈根访问。于是泡利又到哥本哈根在玻尔门下工作了一年。读者还记得，那一次，玻尔还向海森伯发出了邀请。玻尔相中的这两个年轻人，后来都成为哥本哈根学派的领军人物。很有意思的是，海森伯的求学之路几乎就是跟在泡利后面步步紧随，他比泡利晚一年师从索末菲，也比泡利晚一年给玻恩当助手，还比泡利晚一年去哥本哈根访问。最令人称奇的是，他们俩都是中学毕业3年后就拿到了博士学位。

玻尔曾经提出一个问题 —— 如果原子中电子的能量是量子化的，这些电子为什么没有都排布在能量最低的轨道呢？如果你观察元素周期表，就会发现每一种元素原子的电子排布都不相同，随着电子数的增多，电子排满了从低到高的各个能级。玻尔对此很不解，因为自然界的普遍规律是一个体系的能量越低越稳定（这叫能量最低原理），这些电子为什么要往高能级排布呢？

这个问题最终被泡利所解决。1925年，泡利根据对原子经验数据的分析提出一条原理：原子中任意两个电子不可能处于完全相同的量子态。这就是泡利不相容原理。

泡利不相容原理是一个非常重要的理论，正因为如此，电子才会乖乖地从低能级到高能级一个一个往上排列。也正因为如此，电子才会构成一个个不同的原子，从而出现我们看到的五彩缤纷的元素。

人们发现，微观粒子有的受泡利不相容原理的制约，有的不受。因此，微观粒子的统计规律分为两种：一种是像光子那样不受泡利不相容原理的制约的粒子，满足玻色–爱因斯坦统计；另一种是像电子那样受泡利不相容原理的制约的粒子，满足费米–狄拉克统计。如前所述，玻色–爱因斯坦统计是在1924年提出来的，而费米–狄拉克统计是在1926年由狄拉克和意大利物理学家费米各自独立地提出来的。

现在，全同粒子已经作为一条基本假设被纳入量子力学的理论框架，人们发现的各种实验现象都证明了该假设的正确性。

9 没有人能理解

2002年，美国两位学者在美国的物理学家中做了一次调查，请他们提名史上十大最美物理实验。最终，电子双缝干涉实验排名榜首。这个实验为什么受到如此青睐呢？原因就在于，这个实验展现了概率波谜一般的特征。用量子力学大师费曼的话说，就是"量子力学的一切，都可以从这个简单实验的思考中得到"。正因为如此，费曼在他所著的《费曼物理学讲义》中，把电子双缝干涉实验放在量子力学的开篇进行讲述，可见这个实验对于理解量子力学的重要性。

在经典物理学中，波是比较好理解的概念。多个波可以在同一空间中同时存在，并且发生叠加，产生干涉现象。干涉条纹是波与波的叠加产生的波动加强或抵消的结果：波峰和波峰叠加，波动加强，波峰和波谷叠加，波动抵消。图9-1给出了常见的正弦波的

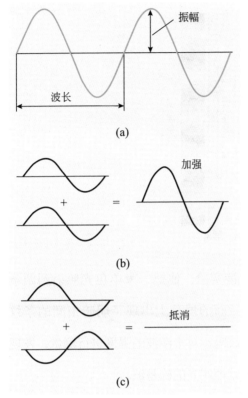

图9-1　正弦波以及其干涉叠加示意图

（a）正弦波波形；

（b）相长干涉；

（c）相消干涉

波形，以及它们进行干涉叠加时加强或抵消的图像。

可以说，干涉是波动最重要的特征，而干涉现象最典型的例子就是双缝干涉实验。以常见的水波为例，在一个水槽中用一个上下振动的小球作为波源，在水面产生圆形的波，在这个波前方放一块木板，木板上刻有两条狭缝，入射波在狭缝处发生衍射，形成两列新的圆形波，这两列波就会发生干涉。如果在后面放一块探测屏来测量干涉波的强度，就会显示出明暗相间的条纹，如图9-2所示。

18世纪，科学家们为光究竟是粒子还是波争得不可开交，莫衷一是。1807年，英国科学家托马斯·杨（1773 — 1829）做了一个轰

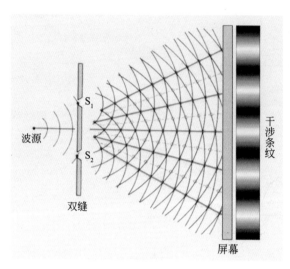

图9-2 水波的双缝干涉实验

动一时的实验 —— 杨氏双缝干涉实验。他把一束单色光照射到两条平行狭缝上，结果在两条狭缝后面的屏幕上出现了明暗相间的条纹（图9-3），这不就是波的干涉条纹吗？对干涉波的强度进行测量，发现其变化规律与水波完全一致，这就证明光的确是波。

但是，经典的波动是需要传播介质的，人们绞尽脑汁，才为光找到了一种传播介质 —— "以太"。"以太"最早由古希腊的亚里士多德提出，他设想"以太"是充满天地间的一种媒质，这完全是一种凭空假想，没有任何根据，但光学家们却把它拿来当作光的传播介质。

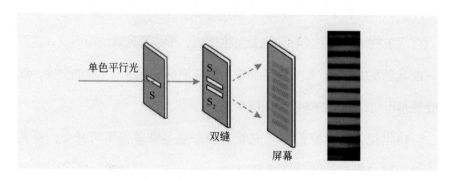

图9-3 杨氏双缝干涉实验示意图

为了寻找"以太"，人们又费尽了心机，但到了1905年，爱因斯坦在相对论中却直接否定了"以太"的存在。这就表明光可以直接在真空中传播，不需要任何传播介质，和普通的波不一样。

不需要传播介质，这是光波与经典波的最大区别。经典波的能量传递靠介质振动，现在没有介质了，意味着光波的能量只能由它自己携带，所以光是具有粒子性的，光波的能量由一个个光子携带。在经典波中，波的强度取决于介质的波动幅度，而光的强度则取决于光子流的密度。由此看来，正因为爱因斯坦坚决否认"以太"的存在，所以光子的概念由他首先提出来，也就是顺理成章的事情了。

不需要传播介质，这就意味着光波和水波的干涉原理并不一样。对于水波来说，如果水波的波动逐渐减弱，那么干涉条纹也会相应减弱。但不管波动如何微弱，整个水面都在上下振动，水波总是充满整个水面，干涉条纹也布满整个屏幕，只不过是比原来微弱罢了。但是，如果是光波逐渐减弱，会出现什么结果呢？

1909年，英国科学家泰勒做了一个实验。他先用强光照射缝衣针，拍下针孔的衍射图像，再把光源衰减到极弱，结果发现，短时间内并不能出现衍射图像，只有散乱的光点。但是，当他把实验时间延长到2000 h以后，衍射图像又出现了，而且和用强光源得到的图像完全一样。这个实验可以称得上是单光子衍射实验。后来，人们又做出了单光子的双缝干涉实验：光源一次只能发出一个光子，在屏幕上也只能出现一个落点，但是，随着一个个落点的出现，干涉条纹竟然逐渐显现出来。这两个实验都表明，光的波动性是由光子的概率分布体现出来的，现在我们知道，这就是量子力学的概率波。

从光的双缝干涉实验形成的干涉条纹来看，概率波和经典波的干涉条纹强度分布规律是一样的，也就是说，在很多情况下，如果把光看成是弥散在空中的波也没有什么问题，这时候你可以不去考虑光子，而把它看作是波（电磁波理论就把光看作是电场与磁场的振动），这就是绝大多数光学问题都可以用经典波动理论解释的原因。但是，对于少数问题，经典波动理论没法解释，如前面提到的光电效应，这时候，你就得把光看作是光子流了。正是从这个意义上来说，光的行为既像是波，又像是粒子，于是，人们只好给它这种奇怪的性质起了这样一个奇怪的名字——波粒二象性。事实上，如果我们叫它"波粒二不像"，也没什么问题，因为从整体来看，它的性质既不像波，也不像粒子。

1927年，当通过电子的衍射实验（见第3章）证明了物质粒子也有波粒二象性之后，人们就希望实现电子的双缝干涉实验。但是对于电子来说，由于其波长很短，所以需要很窄的狭缝才行，而要将狭缝做得非常精细是很困难的，这就导致这个实验很难做。

直到1961年，才由德国的约恩逊成功完成了这个实验。他在铜箔上刻出长50 μm，宽0.3 μm，间距1 μm的狭缝，采用50 kV的加速电压，在高真空环境下，使电子束通过双缝，得到了干涉图样。对干涉条纹的强度分布进行测量，发现它和光波的规律是一致的。事实上，电子波和光波的物理本质也是一样的，都属于概率波。后来，人们又成功做了中子、原子和分子的双缝干涉实验，证明了波粒二象性的普遍性。

再后来，单电子双缝干涉实验也成功了。这是把电子的发射速度调

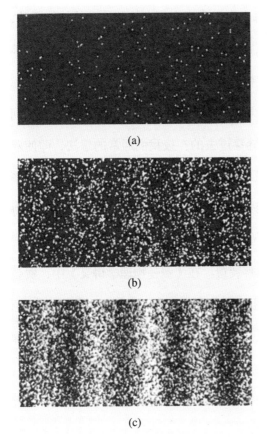

(a)

(b)

(c)

图9-4　单电子双缝干涉实验
的细节

慢，慢到一次只发射一个电子，等前一个电子落在屏幕上再发射下一个电子，从而保证电子之间相互没有影响，实验结果如图9-4所示。从图中可以看出，刚开始，每个电子的落点都是随机的，但是不久你就会看出规律，因为屏幕上居然慢慢地出现了干涉条纹，最后，明暗相间的干涉条纹越来越清晰地显现出来。

这就是电子双缝干涉实验排名十大最美实验榜首的原因，因为所有电子之间相互都没有联系，但它们最后一个个重叠起来就形成了干涉条纹！

这个实验结果意味着，每个电子事实上都在按照波动的特征运动，它自己跟自己发生干涉，所以它会落在干涉条纹的位置。也就是说，单个粒子也能表现出波动性，波粒二象性是一种整体性质。

物理学家是刨根问底的一群人，他们接下来迫切地想搞明白一个问题 —— 电子到底是从哪条狭缝穿过去的？按我们通常的想法，即使双缝同时打开，电子的运动也只有两种可能：通过狭缝1，或者通过狭缝2。但是如果是这样，那就应该是两个单缝衍射图像的叠加，而不是得到干涉条纹。要想获知真相，除了"看一看"，似乎别无他法，但是，你要想看它，就得设计一个观察装置。在《费曼物理学讲义》中，费曼提出了这样一个观察装置（图9-5），紧贴双缝后面放一个光源，光源会持续发出光子，当有电子从旁边经过时，被它散射的光子会被光子探测器捕捉到，从而可以断定电子从哪条缝通过。假如电子从缝1穿过，会探测到缝1附近有闪光；假如电子从缝2穿过，则会探测到缝2附近有闪光。

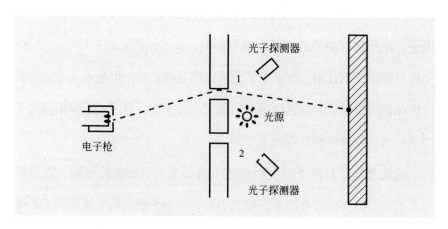

图9-5　观察电子通过哪条缝的实验示意图

如果你去做这个实验，会是什么结果呢？你会看到，或者缝1处有闪光，或者探测到缝2处有闪光，你能判断电子从哪条狭缝穿过。但是，别高兴得太早，你会发现，此时屏幕上的干涉条纹竟然消失了！你看到的只是两个单缝衍射图案的叠加！也就是说，如果我们观察到了电子的路径，它就不再干涉；而如果我们不观察，它就保持干涉。电子好像在跟我们玩捉迷藏的游戏，就是不让你知道它是如何自己跟自己干涉的，只能让人徒唤奈何！

在这个实验中，我们没法确定电子的运动轨迹，唯一合理的解释就是：它没有运动轨迹！粒子没有固定的运动轨迹，只有概率分布的规律，这是量子力学中粒子运动的普遍规律。事实上，这也是不确定关系的必然结果，如果有轨迹，动量和位置就同时确定了，就不满足不确定原理了。

这个实验太过不可思议，所以直到现在，还有物理学家在用不同的手段研究这个实验，希望从中破解量子的奥秘。

不可思议的双缝干涉实验，
没有人能理解量子力学！

10 上帝掷骰子吗

1927年10月，第五次索尔维会议在比利时布鲁塞尔召开，会议主题为"电子和光子"。这次会议的与会者29人中，有17位诺贝尔奖得主，量子理论的创始人几乎全数出席，可谓是物理学史上绝无仅有的巅峰阵容（图10-1）。这时候，波动力学和矩阵力学已经诞生，概率诠释和不确定原理也被提出，量子力学似乎一夜之间就形成了一套完整的理论体系，但是，其对经典物理观念的冲击太大，以至于这些科学巨人们也难以形成统一的意见。因此，在这次会议上，以玻尔为首的概率论支持者和以爱因斯坦为首的决定论支持者展开了激烈的论战，成为科学史上的一段佳话。

这次会议有五个重磅报告：德布罗意的导波理论、玻恩的波函数概率诠释、海森伯的不确定原理、薛定谔的波动方程，以及玻尔的关于量子力学诠释的总结

图 10-1　第五次索尔维会议合影

第三排：（1）奥古斯特·皮卡尔德；（2）亨里奥特；（3）保罗·埃伦费斯特；（4）爱德华·赫尔岑；（5）西奥费·顿德尔；（6）埃尔温·薛定谔；（7）维夏菲尔特；（8）沃尔夫冈·泡利；（9）维尔纳·海森伯；（10）拉尔夫·福勒；（11）莱昂·布里渊

第二排：（1）彼得·德拜；（2）马丁·努森；（3）威廉·劳伦斯·布拉格；（4）亨德里克·克雷默；（5）保罗·狄拉克；（6）阿瑟·康普顿；（7）路易·德布罗意；（8）马克斯·玻恩；（9）尼尔斯·玻尔

第一排：（1）欧文·朗缪尔；（2）马克斯·普朗克；（3）玛丽·居里；（4）亨德里克·洛伦兹；（5）阿尔伯特·爱因斯坦；（6）保罗·朗之万；（7）查尔斯·古耶；（8）查尔斯·威尔逊；（9）欧文·理查森

报告。

　　爱因斯坦会前也收到了邀请他作报告的信函，但他拒绝了。他在回信中说："现在这件事我尚不能胜任。在量子理论的近期发展中，我还不具备足够的才智，还不能跟上这狂风暴雨般的进展。此外，另一个原因是，我还不赞成这个以纯统计性为基础的新理论的思考方式。"

　　从爱因斯坦的回信就能看出他的态度，显然，他对量子力学的概率内涵是很抵触的。爱因斯坦是物理决定论的支持者，他希望人类能对世界给出一个明确的解释，而不是像概率的、不确定的之类在他看来含糊不清的字眼。和他持相同观点的还有德布罗意和薛定谔，他们都反对量子力学的概率诠释。

在爱因斯坦看来，量子力学的概率诠释只是一个权宜之计，那是因为人们还没有能力认识量子背后更深层次的世界的本质，而不是说世界本来就是这样的。而持概率论的玻尔等人则认为世界本来就是概率性的和不确定的，这就是世界的本质。和玻尔持相同观点的有玻恩、海森伯、狄拉克、泡利等人，因为他们都和玻尔交往密切、渊源颇深，所以被称作哥本哈根学派。

虽然爱因斯坦持决定论的态度，但是他忙于相对论，并没有提出相关理论，反倒是德布罗意搞了一个新理论。在会上，德布罗意宣读了论文《量子的新动力学》，提出了一个替代波函数概率诠释的新方法，这个方法他称之为"导波理论"。在导波理论中，德布罗意认为，粒子和波是同时存在着的，粒子就像冲浪运动员一样，乘波而来，在波的导航下，粒子从一个位置到另一个位置，它是有路径的。但是德布罗意刚讲完，导波理论就遭到了泡利的猛烈抨击。泡利是出了名的"毒舌"，习惯于挑剔，善于发现别人演讲中的漏洞，批评起来丝毫不留情面。他有个外号叫"上帝之鞭"，可见同行们多么忌惮他的批评。据说，有一次爱因斯坦做一个关于相对论的讲座，泡利坐在最后一排，当爱因斯坦讲完以后，泡利站起来，直接提了一个尖锐的问题，让爱因斯坦都难以回答。从此以后爱因斯坦每次做演讲都要习惯性地往后排扫一眼，看看泡利在不在场，真是"一朝被蛇咬，十年怕井绳"。

泡利善于发现问题，目光犀利，导波理论的缺点马上就被他发现了。泡利当场指出，这个理论虽然能解释双缝干涉实验，但在考虑两个粒子碰撞散射时，理论就会瞬间崩溃，更遑论复杂的多粒子系统。面对泡利连珠炮般的攻击，德布罗意左支右绌，难以招架，很快败下阵来，只好将求助的目光投向爱因斯坦，希望爱因斯坦能帮他说几句话。爱因斯坦虽然内心支持德布罗意，但是泡利的指责的确在理，自己也没有好的办法辩解，他也看出来导波理论的确存在明显漏洞，无法使人信服，只好沉默不语。

德布罗意失望地走下讲台，接下来，整个会场就成了哥本哈根学派表演的舞台，量子力学大放异彩。最后玻尔的总结报告做完以后，原本不打算发言的爱因斯坦实在坐不住了，决定发起反击。

他站起来说："很抱歉，我没有深入研究过量子力学，不过，我还是愿意谈一谈一般性的看法。"然后，他开始对玻恩的概率诠释发难，指出在双缝干涉实验中，如果按照概率诠释，电子落点概率将分布在一个很大的范围内，但是一旦电子落在屏幕上某一点，这一点概率瞬间突变为1，与此同时，其他所有点的概率将瞬间突变为0，那么，这个因果关系的变化速度是超光速的，违反了相对论中的光速极值原理。

面对爱因斯坦的这一指责，玻尔的回应是，瞬间变化的是波函数，而波函数并不是一个真正在三维空间中运动的波，因此不受定域性的束缚。

爱因斯坦没有过多纠缠，会议进行了简单的讨论后就结束了。但是，爱因斯坦并没有罢休，他构思了一夜，在第二天吃早餐的时候，又对不确定原理展开了质疑。他向玻尔抛出了一个思想实验，指出在双缝干涉实验中，如果把双缝吊在弹簧上，就可以通过弹簧测量粒子穿过双缝时的反冲力，从而确定粒子到底通过了哪条狭缝。

玻尔吃了一惊，他花了一整天的时间考虑，到晚餐时，他终于指出了爱因斯坦推理中的缺陷：爱因斯坦的演示要管用，就必须同时知道两个狭缝的初始位置及其动量，而不确定原理限定了同时精确测定物体的位置和动量的可能性。通过简单的运算，玻尔能够证明，这种不确定性将大到足以使爱因斯坦的演示实验失败。

这一次过招，玻尔胜了。但是，他并没有说服爱因斯坦。爱因斯坦不是一个能轻易被别人左右的人，他只相信自己的物理直觉。

就是在这次会议上，爱因斯坦当众抛出了那句名言："我相信，上帝是不会掷骰子的。"玻尔的回答是："爱因斯坦，不要告诉上帝应该怎么做。"

三年时光转瞬即过，1930年10月，第六届索尔维会议继续召开，这次的主题是"关于物质的磁性"。但这次会议被世人牢记的并不是"磁性"，而是爱因斯坦和玻尔的第二次论战。这一次，爱因斯坦有备而来，主动向不确定原理再次发起挑战。不同的是，他这次没有攻击坐标-动量的不确定关系，而是换成了时间-能量不确定关系。

爱因斯坦抛出这样一个思想实验（图10-2）。假设有一个密封的盒子悬挂在弹簧秤上，盒子里有一定数量的可以辐射光子的物质。一个事先设计好的钟表机构开启盒上的快门，使一个光子逸出，这样，它跑

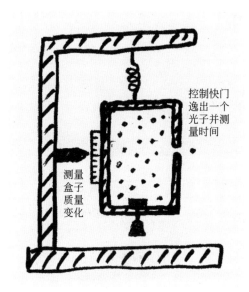

控制快门
逸出一个
光子并测
量时间

测量盒子质量变化

图 10-2　爱因斯坦光盒

出的时间可被精确测量。同时，由弹簧秤读数可知小盒所减少的质量，这正好是光子的质量，根据相对论质能公式 $E=mc^2$，就能算出光子的能量。由于时间测量由钟表完成，光子能量测量由盒子的质量变化得出，所以二者是相互独立的，测量的精度不应互相制约，这样，时间和能量就能同时精确测量了，因而能量与时间之间的不确定关系不成立。

第7章已经介绍过，除了位置和动量具有不确定关系外，时间和能量也存在不确定关系。如果在某一时刻 t 测量粒子的能量 E，那么不确定度满足以下关系：

$$\Delta t \cdot \Delta E \geqslant \frac{\hbar}{2}$$

此式表明，在某一时刻辐射出一个光子，如果这个光子的放出时刻确定，它的能量就会有一个很窄的分布范围，不会确定为某一个值；反

图10-3　第六次索尔维会议上，
玻尔和爱因斯坦边走边讨论

之，如果光子的能量确定，就不能精确测得光子逸出的时刻。但是现在，在爱因斯坦的光盒实验中，这一规律被打破了，二者均可精确测定，这无异于晴天霹雳，震得玻尔目瞪口呆。

玻尔没有马上想出解决之道，他一整天都闷闷不乐。爱因斯坦自信满满，一整天都笑容满面，他相信这一次自己是真的找到了不确定原理的破绽。当时留下的一张照片似乎也暴露了两人的内心（图10-3）。

但是，玻尔也绝非等闲之辈，经过彻夜思考，他终于在爱因斯坦的推论中找到了一处破绽。

第二天，玻尔已经恢复了笑容，他大步流星地走上讲台，在黑板上开始对光盒实验结果进行理论推导，而他用的武器竟是广义相对论的引力时间延缓效应——盒子位置的变化会引起时间的膨胀！经过推导，他竟然导出了能量与时间之间的不确定关系式。玻尔用相对论证明了不确定原理！可以说，不确定原理更让人信服了。

这一回，轮到爱因斯坦目瞪口呆了。尽管台下还有些人对玻尔的反驳提出了质疑，认为他把指针、标尺和光盒当成量子物体来处理并不妥当，但爱因斯坦接受了玻尔的反驳，毕竟，这是思想实验，本来一个光子的质量也不可能从弹簧秤的宏观指针上看出来，所以理论上要读出读数的话，把测量装置看成量子物体并无不妥。

自此以后，爱因斯坦不得不有所退让，承认了哥本哈根学派对量子力学的解释不存在逻辑上的缺陷。但是，他并没有认输，"量子论也许是自洽的，"他说，"但却至少是不完备的。"爱因斯坦改变了策略，他决定不再从外部进攻，但是，他的头脑已经高速运转起来，开始策划从内部攻破这座堡垒。这一等，就是5年，5年之后，爱因斯坦将再次让玻尔陷入无尽的苦恼。

虽然玻尔险胜一招，但是玻尔内心可能并不一定满意自己对于光盒的解释，1962年，玻尔去世，人们发现，他在办公室的黑板上留下的最后一幅图就是爱因斯坦的光盒。这个假想的盒子，也许让他困扰了一辈子。

通过两次索尔维会议的交锋，爱因斯坦败走麦城，哥本哈根学派大获全胜，从此，他们对量子力学的解释被称为量子力学的"正统解释"。

第四篇

量子奥义 · 叠加与测量

11 量子第一原理

1930年，狄拉克出版了量子力学的经典教材《量子力学原理》。这是一本不带任何感情色彩的用数学语言写成的物理书，全书没有任何一个图表、一处索引或是参考书目。狄拉克认为，量子世界和人类经历的其他任何事物都不同，如果拿日常行为打比方会产生误导，所以书中几乎没有一处启发性的比喻或类比。

但是，这本书获得了同行们的盛赞。泡利热情地称赞该书是完美之作，尽管他担心这本书写得太抽象以至于太脱离实验观测，但他还是将该书称为"必读的基础教科书"。爱因斯坦也称赞这本书"在逻辑上最完美地呈现了量子理论"。这本书后来终身陪伴着爱因斯坦，他经常在度假的时候将它带在身边作为休闲读物，有时他遇到量子方面的难题时，总是自言自语地念叨："我那本狄拉克放哪里了？"

在量子力学的理论体系中，从薛定谔方程可以得出一个非常重要的推论 —— 体系的波函数满足叠加原理。因为波函数描述的是体系的量子状态，故称之为态叠加原理。在《量子力学原理》中，狄拉克把"态叠加原理"作为开篇第1章开宗明义，他写道："量子力学中最基本、最突出的规律之一是态的叠加原理。"在量子力学刚刚建立的年代，狄拉克就认识到了态叠加原理的重要性，量子力学发展到现在，我们不得不佩服狄拉克的眼光。现在，我们可以十分肯定地说，态叠加原理是量子力学区别于经典力学的重要特征，在量子力学中起着统制全局的作用，甚至可以上升到量子第一原理的高度。

对于薛定谔方程，人们发现，它总是齐次线性偏微分方程。这就是说，薛定谔方程的解满足齐次线性微分方程的重要性质 —— 叠加原理。而薛定谔方程的解正是波函数（量子态），于是，就可以得出一条重要的原理 —— 态叠加原理。其表述如下：

如果 ψ_1、ψ_2、ψ_3、$\cdots$、ψ_n 是某一微观体系的可能状态，那么它们的线性叠加：

$$C_1\psi_1 + C_2\psi_2 + C_3\psi_3 + \cdots + C_n\psi_n$$

也是该体系的可能状态，其中，C_1、C_2、C_3、$\ldots$、C_n 是任意常数。

在电子的双缝干涉实验中（见第9章），我们发现，每个电子事实上都在按照波动的特征在运动，自己跟自己发生干涉。这一点我们感觉没法理解，但是了解了态叠加原理以后，就可以发现，态叠加原理正是单个粒子能显示波动性的内在原因。

扩展阅读

在高等数学中，齐次线性微分方程有一个重要的性质——叠加原理。叠加原理简单来说，包含两条内容：

（1）齐次线性微分方程的解与任意常数的积也是该方程的一个解；

（2）齐次线性微分方程的多个解的累加也是该方程的一个解。

用数学的语言来表述，就是，对于以下方程：

$$\frac{d^2\psi(x)}{dx^2} + p\frac{d\psi(x)}{dx} + q\psi(x) = 0 \quad （p \text{ 和 } q \text{ 为实数}）$$

设 $\psi_1(x)$ 和 $\psi_2(x)$ 都是方程的解，那么它们的线性叠加：

$$C_1\psi_1(x) + C_2\psi_2(x)$$

也是方程的解，其中，C_1 和 C_2 是任意常数（包括实数和复数），称为线性组合系数。

在双缝实验中，从通过某条狭缝的角度来说，电子有两种可能的状态：一种是从狭缝1通过的状态 ψ_1，另一种是从狭缝2通过的状态 ψ_2。根据态叠加原理，这两种状态的叠加 $\psi_1 + \psi_2$ 也是电子可能的状态，称之为叠加态。也就是说，按照态叠加原理，电子具有同时穿过两条狭缝的状态（图11-1），因此它可以自己跟自己发生干涉。

如前所述，波函数也叫概率幅（见第5章），由态叠加原理可以发现量子力学和经典物理中计算概率的方法有本质的区别。在经典物理中，如果一个事件可能以几种方式实现，则该事件的概率就是以各种方式单独实现时的概率之和。而在量子力学中，如果一个事件可能以几种方式实现，则该事件的概率幅就是以各种方式单独实现时的概率幅之和

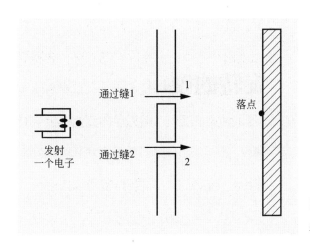

图 11-1 电子路径处于通过两条狭缝的叠加态

（态的叠加），通过概率幅的绝对值的平方才能得知概率。用数学的语言来表述，即

经典物理：
$$P_{12} = P_1 + P_2$$

量子力学：
$$P_1 = |\psi_1|^2, \quad P_2 = |\psi_2|^2,$$

$$P_{12} = |\psi_1 + \psi_2|^2 = P_1 + P_2 + 2\sqrt{P_1 P_2}\cos\theta$$

上式中，$\cos\theta$ 可以描述由于振幅叠加而产生的干涉效应，因此，最后一项可称为相干项。显然，量子概率叠加和经典概率叠加比较，多了一项相干项，这是波动性的直接体现，也是表征叠加态的重要特征参数。

简单来说，经典统计是概率叠加，而量子统计则是概率幅叠加，一字之差，万别千差。量子大师费曼曾经说过，"量子力学里概率的概念并没有改变，所改变了的，并且根本地改变了的，是计算概率的方法"。

12 旋转的硬币

态叠加原理打破了经典物理中描述粒子状态的非此即彼的传统观念，它揭示了量子世界中最重要的性质——叠加态。微观粒子的量子态可以处于各种状态的重叠，这就是叠加态。因为处于多种状态的叠加，所以粒子的某些属性在没进行测量之前是不确定的，只有测量完成后，它的属性才会固定下来，而一次测量只能有一个结果，所以对量子态进行测量，必然破坏其叠加态，导致它变成某一确定态。按照量子力学，这个确定态必然是某一个本征态，虽然可以预测每一个本征态出现的概率，但对于每一次测量，其结果是完全随机的。

例如，电子有一种量子属性叫自旋。自旋并不是电子自身的旋转，它就像质量、电荷一样，是电子的内禀性质。电子自旋可以通过施特恩-盖拉赫实验来测量，如图12-1所示，令电子射线束通过一个不均匀

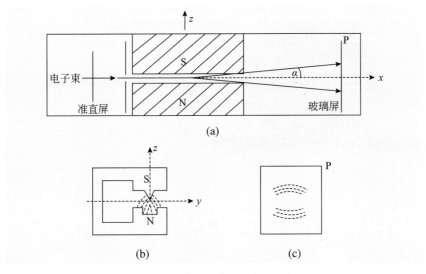

图 12-1　施特恩–盖拉赫实验示意图

（a）电子束在不均匀磁场中分裂为两束；（b）不均匀磁场正视图；（c）屏幕落点图像

的磁场，电子束在磁场作用下发生偏折，分裂为上下两束，最后在玻璃屏上出现上下两处落点区域。这就说明电子磁矩有两种相反的取向，对应着两种自旋状态，人们称之为自旋向上和自旋向下。

电子的自旋有两种可能的状态 —— 自旋向上和自旋向下，每个电子都处于自旋向上和向下的叠加态。如果我们用 α 和 β 来分别表示自旋向上和向下，那么电子的自旋状态可以记为

$$\psi = C_1\alpha + C_2\beta$$

这里 α 和 β 就是电子自旋的本征态，如果测量一个电子的自旋，那么测量结果可能是 α，也可能是 β，结果是完全随机的，但是必为 α 和 β 其中之一，不会出现其他结果。打个比方来说，叠加态就像一枚旋转的硬币，不管它如何旋转，在你把它拍到桌面上的一瞬间，它不是显示正

图12-2 旋转的硬币就像由正面和反面两个本征态组成的叠加态,当你把它拍到桌面上,必然变成正面或反面之一,而不会有其他的结果

面就是显示反面(图12-2)。

如果测量之前你想预测一下测得α或β各有多大的概率,只要看组合系数C_1和C_2就行了,测得α和β的概率之比是$|C_1|^2:|C_2|^2$。如果$\psi = \alpha + \beta$,即$C_1 = C_2 = 1$,则测得α和β的概率之比是$1:1$,即有50%的概率测得自旋向上,50%的概率测得自旋向下。尽管如此,每一次测量的结果都是完全随机的,是不由人为控制的,只有对大量电子进行测量后,才会从统计的角度看到大约有一半电子变成了自旋向上,一半变成了自旋向下。

在经典力学中,我们对物理量的测量是一种旁观者的角度,不会对物理量本身造成任何影响。例如,你想测量子弹的速度和位置,你可以用高速摄像机拍摄子弹的运动轨迹,从而计算它每一时刻的位置和速度。显然,我们不会认为摄像机的拍摄过程会影响子弹的运动,子弹处于一个确定的运动状态,测量过程对测量结果不会造成任何有实际意义的影响。

但是在量子力学中,叠加态本身就是不确定的,任何轻微的扰动都会对其造成不可逆转的影响,因此,在量子测量中,测量不再是旁观

扩展阅读

可以发现，如果 $\psi = \dfrac{\alpha+\beta}{\sqrt{2}}$，测得 α 和 β 的概率之比也是 $1:1$，这就说明 $\psi = \alpha+\beta$ 和 $\psi = \dfrac{\alpha+\beta}{\sqrt{2}}$ 代表的是同一种状态。事实上，所有 $C_1 = C_2$ 的波函数代表的都是同一种状态，而其中只有 $C_1 = C_2 = \dfrac{1}{\sqrt{2}}$ 时正好有 $|C_1|^2 + |C_2|^2 = 1$，称之为归一化的波函数，此时测得 α 的概率正好是 $|C_1|^2$，测得 β 的概率正好是 $|C_2|^2$，计算很方便。为了使波函数的物理图像更直观，通常都要求波函数归一化。

者，而是参与者，测量成了体系本身的一部分。例如，在双缝实验中，如果你不去观察电子穿过哪条狭缝，那么电子处于同时穿过狭缝1和狭缝2的叠加态；而如果你一旦观察到它从哪个狭缝穿过，就相当于完成了一次测量，电子的叠加态就消失了，它变成了从狭缝1或者狭缝2穿过的确定态，于是干涉现象也就消失了。因此，在量子测量中，测量行为和测量结果是关联在一起的。

纵观量子力学的全部内容，它的成功之处就在于对测量结果的解释和预言，一旦离开了对物理量的观测，它就只剩下一套数学上的演绎与推导。但是，自从量子力学诞生之日起，关于量子测量的解释就是争论的焦点，由此也发展出了多种理论，待后文详述。

13 既死又活的猫

"薛定谔的猫"可以说是讨论叠加态的时候人们最喜欢提及的一个例子。作为量子力学的奠基人之一，薛定谔的个人声望使这只猫风靡全世界，但是，很少有人知道，薛定谔当初提出这只猫是为了反驳叠加态。

1935年，薛定谔提出一个怪异的思想实验——薛定谔的猫（图13-1）。一只猫被关在箱子里，箱子

图 13-1　薛定谔的猫实验装置示意图

中有一小块放射性物质，它在1小时内有50%的概率发生一个原子衰变。如果发生衰变，就会通过一套装置触发一个铁锤来击碎一个毒气瓶从而毒死猫。在1小时之内，你无法判断猫是死是活，除非打开箱子看。薛定谔说，按照量子力学规则，可以认为猫处于"死"和"活"的叠加态，只有测量（打开箱子看）才会使它变成确定态。

虽然我们看不到微观粒子的量子态，感觉它十分神秘，但是猫可太常见了，它要么被毒死，要么没被毒死，不管你看不看，它只有这两种可能，怎么可能因为你没去观察就认为它处于"死"和"活"的叠加态？这太荒谬了！就像爱因斯坦说的，月亮在不在天上，与你看不看它有关系吗？

这个实验构建了一种违背常识的叠加态，让人们感觉量子力学好像十分荒谬。那么，薛定谔为什么要这么做呢？

前文说过，薛定谔虽然自己提出了波函数，但是他却反对波函数的概率诠释，他坚持认为波函数描述的是一种物理实在的波动，不承认叠加态的存在。他和爱因斯坦站在同一条战线上，坚持决定论，反对概率论，所以，他苦心孤诣想出"薛定谔的猫"这个例子，是为了用来反驳叠加态，以此来证明叠加态的荒谬。令人啼笑皆非的是，随着时间的流逝，人们早已忘了他的初衷，还以为他是用这个例子来解释叠加态的。所以，如果你想通过这只怪异的猫来理解叠加态，只能是缘木求鱼，南辕北辙。

抛开薛定谔的初衷不说，就看这个实验，薛定谔的猫到底是死是活？它真的处于"死"和"活"的叠加态吗？事实上，我们前面说过，量子效应只有在普朗克常数的影响不可忽略时才能体现出来，一个宏观物体的宏观性质（"死"或者"活"）根本不可能被普朗克常数影响，根本不具有量子特性，就像一颗子弹的运动根本不具有量子特性一样。在箱子打开前，猫的确存在"死"和"活"两种可能性，但这和"死"和"活"的叠加态是两码事儿。就像你用一粒子弹做双缝试验，子弹存在通过狭缝 1 和狭缝 2 的两种可能性，但是你绝对不能说它处于通过狭缝 1 和狭缝 2 的叠加态。在双缝实验中，如果你尝试监视电子通过哪条狭缝，将会导致干涉的消失；而在"薛定谔的猫"实验中，如果你尝试监视猫的状态，在箱子里安一个摄像头就行了，并不会对猫的命运造成任何影响，这和叠加态有本质的区别。

反过来，如果你一定要研究猫的叠加态，笔者认为那就要把这只猫所包含的所有粒子的可能性都组合起来，那就是天文数字的叠加和纠缠了，决非简单的"死"和"活"所能描述。

总而言之，从宏观角度来说，不管你看不看，这只猫或者死，或者活，均没有叠加态。所以，薛定谔想要通过它来反驳叠加态是不成立的。

什么是薛定谔的猫？

环境的力量 14

在历史上，物理学界对于量子测量的结果并没有争议，但是在如何解释量子测量方面却存在巨大争议。哥本哈根学派提出了"波函数坍缩"解释，他们认为，在一次测量和下一次测量之间，除抽象的波函数以外，这个微观物体并不存在，它只有各种可能的状态；仅当进行了观察或测量，粒子的"可能"状态之一才成为"实际"的状态，并且所有其他可能状态的概率突变为零。这种由于测量行为产生的波函数的突然的、不连续的变化被称为"波函数坍缩"。例如，在电子双缝干涉实验中，每个电子落在屏幕上都是一次波函数坍缩。

但是，根据薛定谔方程演化的量子态，并不会自然地出现波函数坍缩这样的现象，哥本哈根学派找不到具体的细节来说明坍缩的过程。坍缩为何发生？何时发生？持续多久？既然根据薛定谔方程波函数不会坍缩，那么在坍缩的瞬间是什么方程代替了薛定谔方程？于是，这一现象的发生过程成为困扰物理学家们的难题。

还有一个问题，在波函数坍缩之前，粒子有各种可能的状态，在测量的一瞬间，粒子的"可能"状态之一才成为"实际"的状态，并且所有其他可能状态的概率突变为零。爱因斯坦认为，这种瞬间的信息传递是超光速的，是违背相对论的。

总之，波函数坍缩过于突兀，其物理过程的缺失让人怀疑这也许只是人为引入的一种解释实验现象的手段，因此很多人对波函数坍缩的哥本哈根解释并不满意，从而着手寻找新的解释。

一直到20世纪70年代，物理学家们终于找到了一种理论，来说明波函数为什么会坍缩以及如何坍缩的问题，这就是退相干理论。经过几十年的发展，退相干理论已经成为被广泛接受的理论。

由于微观体系具有明显的波粒二象性，所以干涉现象是量子体系最基本的特征。读者还记得双缝干涉实验吗？每一个电子事实上都在自己跟自己干涉，因为它处于通过狭缝1和狭缝2的叠加态。也就是说，量子叠加态自身具有干涉特性，可以称之为自相干。或者说，叠加态具有相干性。

所谓"退相干"，顾名思义，就是指相干性的退去，表现为波动性逐渐丧失、叠加态逐渐退化为确定态。根据退相干理论，当被测系统与测量仪器和外界环境相互作用后，就会发生退相干过程。如果叠加态的相干效应减弱，称之为退相干；如果相干效应完全消失，称之为完全退相干，此时，量子体系退化为经典体系。退相干是一个客观的物理过程，这一点已经在实验上被多次证明。

观察第11章式（11-2），可以看到：当相干项的数值减小时，相干效应会减弱，发生退相干；如果相干项的数值变为零，则式（11-2）完全退化成式（11-1），相干效应完全消失，退化为经典体系。

还以双缝实验为例，实验本来在真空中进行，但是，如果你想监视电子从那条狭缝穿过，环境中就引入了光子，光子与电子碰撞，就会导致电子的退相干，于是屏幕上的图案就会发生改变。如果光子能量小，会导致电子相干性减弱，此时屏幕上仍然会出现模糊的干涉图像；但如果光子能量大，就会导致完全退相干，干涉图像完全消失。

在量子世界里，干涉现象是普遍存在的，但为什么在经典世界里就观察不到？从量子到经典，是如何过渡的？人们认识到，最初形成的量子观点仅适用于孤立的封闭系统，然而，宇宙中没有任何物体是完全孤立的，因此，不考虑外部环境的作用是不现实的。于是退相干理论提出了这样的观点：自然界中宏观量子效应的缺乏，是由于周围环境造成的退相干效应导致，经典性是量子性退去相干性的结果。

根据退相干理论，相干叠加态只有在与世隔绝的情况下才能够一直维持下去。然而事实上，除了宇宙本身以外，每个真实的系统，不论是量子的或是经典的，都与外部环境密切联系，都是开放的系统。外部环境可以是空气中的分子、原子，也可以是辐射中的光子。它们就像一个个"观测者"，不断地和系统发生耦合作用。这种不可避免的耦合作用会导致系统的相干相位关联不可逆地消失，从而破坏系统的相干叠加性，促使系统的波函数坍缩到某个确定的经典态。

简单来说，一个与环境隔绝的量子系统处于纯态的叠加态，一旦接触外部环境，它与环境的相互作用就将破坏它的叠加态，使系统发生退相干。

退相干理论中有一个参数叫退相干时间，就是体系从量子态演变为经典态的时间，退相干时间与研究对象的大小和环境中的粒子数密切相关。

一个半径为 10^{-8} m 的分子在空气中的退相干时间约为 10^{-30} s；如果把空气抽去，则能延长到 10^{-17} s；如果把这个分子放在星际空间，它在那里只能与宇宙微波背景辐射相互作用，估计能延长到 30 000 年。而对于一个半径为 10^{-5} m 的尘埃颗粒，由于它太大了（含有大量的内部粒子），即使在星际空间，其退相干时间也只有 1 μs。

可见，如果粒子体系足够大，或者环境中有大量粒子存在，退相干时间就会非常非常短。在电子遇到屏幕时，屏幕上的大量粒子会使电子瞬时退相干，于是我们就会测量到一个落点。这就解释了波函数为什么会坍缩。

如果退相干的解释是对的，那反过来想一下，如果把宏观世界的物体与环境完全隔绝开来，是不是就能不退相干，从而处于叠加态呢？基于这样一种推测，物理学家们开始探索跨越经典和量子边界的技术，期望寻找宏观量子叠加态。因为薛定谔猫的名气已经传遍全球，其已经成了宏观量子叠加态的代名词，所以科学家们干脆把具有宏观可区分性的两个或多个态的相干叠加叫做"薛定谔猫态"。采用这个名字只是为了使问题显得更加形象通俗，便于向公众传播，并不是说真的去拿一只猫做实验。事实上，想排除退相干效应是异常困难的，这注定是一条艰难的"寻猫之旅"。

退相干理论为量子世界和经典世界提供了一座桥梁，它可以说明量子行为变迁为经典行为的过程，而且它没有对量子力学的基础表述做任何修改，很多量子实验也证实了退相干现象的存在。因此，退相干理论已经被广泛地接受并应用。现在，在量子计算和量子信息的研究中，如何解决退相干问题已经成为科学家们面对的主要难题。

15 人的选择

在1927年的第五次索尔维会议上，狄拉克认为，量子测量结果是自然随机选择的结果，而海森伯则认为它是观察者选择的结果。笔者认为，狄拉克所说的自然随机选择，指的是在可能的结果当中，最终出现哪个结果是完全随机的、不可预测的。而海森伯所说的观察者选择的观点，指的是观察者虽然不能预测观察结果，但是却可以选择观察结果将会有哪些可能性。所以二人的观点并不矛盾。

海森伯的观点，我们可以通过一个简单的例子看出来。

偏振是光的一种特殊性质。自然光可以认为是处于所有振动角度的叠加态，但是，使用偏振片可以将自然光变成某一特定方向的偏振光。当自然光射向偏振片时，可将各个方向的振动分解为平行于偏振方向的振动和垂直于偏振方向的振动，这样，自然光就可

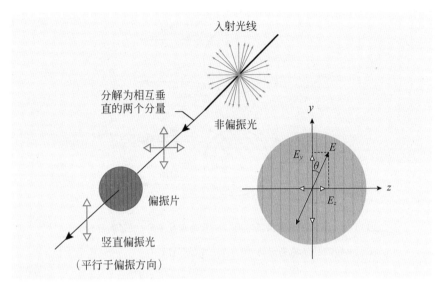

图 15-1 自然光包含了所有角度的振动方向，任何一个方向的振动都可以按右下角的方法分解为平行和垂直于偏振方向的振动。当它穿过偏振片时，只有平行于偏振方向的分量通过，该方向在此处用画在偏振片上的竖线来表示，通过偏振片后就得到了竖直偏振光，光强为入射光的一半

看作是竖直偏振光和水平偏振光的叠加。当自然光射过偏振片时，水平偏振光被吸收不能通过，竖直偏振光可以通过，故光强只剩原来的一半，如图 15-1 所示。

对于单个光子来说也是如此，在它没有通过一个偏振片之前，其偏振方向处于水平和竖直的叠加态，若你进行一次测量，也就是让它射向偏振片，在它接触偏振片的一瞬间，它就会从叠加态变成确定态——或者变成竖直偏振态通过偏振片，或者变成水平偏振态被偏振片阻挡，各有50%的概率。

于是，偏振片朝哪个方向摆放，就成了对测量结果至关重要的影响因素，而偏振片的摆放角度则完全是观察者选择的结果。如图 15-2 所

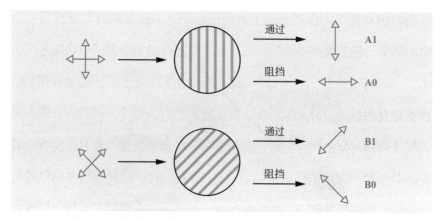

图15-2　偏振片放置角度不同，测量的结果不同（为了表示方便，将图中的四种偏振态记为A0、A1、B0、B1）

示，把两个偏振片放在水平桌面上，一个偏振方向与桌面垂直，另一个与桌面成45°，让光子通过这两个偏振片。显然，光子的叠加态被人为地固定成了十字方向和交叉方向，而测量结果也因此被人为地选择为A0和A1之一或者B0和B1之一。

如果你认为这不算啥，那还有更令人困惑的事情等着你。我们把两个偏振片垂直摆放，光就被完全挡住了，无法通过，见图15-3（a）。但是，如果你在中间加一个45°的偏振片，居然又透光了，见图15-3（b）。

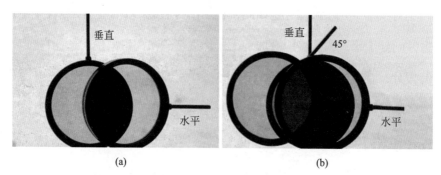

图15-3　偏振片不同堆叠方式的透光效果

（a）两个偏振片垂直摆放；（b）在中间加一个45°的偏振片

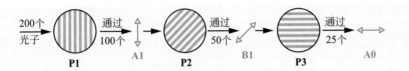

图 15-4　让光子连续通过三个偏振片，偏振量子态的变化

下面我们从测量的角度来分析一下上面的现象。如图 15-4 所示，我们让 200 个光子依次射向与桌面垂直的偏振片 P1，你会看到大约有 100 个光子通过，于是我们说，这 100 个光子从叠加态变成了确定态——A1 偏振态。这时，如果你在后面再放一个与桌面垂直的偏振片，这 100 个光子将全部通过，这很好理解，因为它们是确定的 A1 态。但是，如果你在后面放一个与桌面成 45° 的偏振片 P2，奇怪的事情发生了，大约有 50 个光子会通过（变成 B1 态），另外 50 个被阻挡（变成 B0 态），这意味着，在通过 P2 之前，这 100 个光子可以看作是处于 B0 和 B1 的叠加态。

我们可以将 A1 分解为两个 45° 方向的振动，从而解释这一现象，如图 15-5（a）所示。但是，你仔细想一想，这 100 个光子到底是确定态

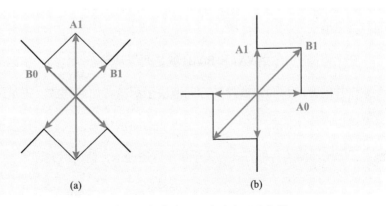

图 15-5　光子偏振态在不同基础态下的分解

（a）A1 在 B0/B1 基础态下的分解；（b）B1 在 A0/A1 基础态下的分解

（A1）还是叠加态（B0和B1）？如果你不放P2，它就是确定态，如果你放了P2，它就是叠加态。就像海森伯认为的那样，这是观察者选择的结果。

如果在后面再放一片与桌面平行的偏振片P3，这时候，通过P2的50个处于B1态的光子将再次分为两部分，大约有25个通过P3变成A0态，另外25个被阻挡变成A1态，如图15-5（b）所示。也就是说，我们通过后续的两次测量，将原来全部是A1确定态的光子中的一部分变成了A0态！

再继续探究，你会发现，如果你把P2撤掉，是没有光子能通过P3的，但是，加上P2以后，部分光子就能通过P3了，这是不是说明观察者可以选择结果呢？

不可思议是吗？事实就是如此。

费曼在其《物理学讲义》里把以上的结果归纳为量子力学的一条基本原理：任何量子体系可以通过过滤将其分解为某一组所谓的基础态，在任一给定的基础态中，粒子未来的行为只依赖于基础态的性质——而与其以前的任何历史无关。

在上述例子中，A0/A1和B0/B1就是两组基础态。显然，基础态取决于偏振片的方向，而偏振片的方向取决于测量者如何摆放。正是因为测量者可以选择不同的基础态来决定可能的测量结果，人们才开发出了现代量子保密通信的各种方式。关于量子保密通信，留待后文详叙。

扩展阅读

希尔伯特空间

美籍匈牙利学者约翰·冯·诺依曼（1903—1957）是人人熟知的"计算机之父"。但是，你可能不知道，他还是一位对量子理论发展做出很大贡献的物理学家。

冯·诺依曼从小就表现出极高的数学天赋，据说他不到10岁就掌握了微积分。1926年，冯·诺依曼获得了布达佩斯大学的数学博士学位，随后来到哥廷根大学，担任数学家戴维·希尔伯特（1862—1943）的助手。这一年，量子力学刚刚建立，是最热门的话题，恰巧海森伯在哥廷根大学举办了一场介绍量子力学的讲座，于是希尔伯特就带着冯·诺依曼一起去听。海森伯讲完以后，令希尔伯特尴尬的是，他竟然没太听明白，只好让冯·诺依曼给他解释一下。冯·诺依曼不但听明白了，还发现了量子力学与希尔伯特最熟悉的数学语言"希尔伯特空间"之间的联系，于是他用"希尔伯特空间"解释了量子理论，希尔伯特这才恍然大悟。

1930年，冯·诺依曼奔赴美国，入职普林斯顿大学。在这里，他把当年的发现写成了一本书，题目叫做《量子力学的数学基础》，于1932年出版。他将"希尔伯特空间"引入量子力学的理论体系，证明了复平面上的向量几何与量子力学系统的各种状态有着相同的公式化特征，从而建立了一整套用于描述神秘莫测的量子现象的数学模型，意义非常重大。就像他在书中说的那样："由希尔伯特最早提出的数学思想就能够为物理学的量子理论提供一个适当的基础，而无须再为这些物理理论引进新的数学构思。"就这样，冯·诺依曼从一个数学家，摇身一变成为了量子力学大师。现在，"希尔伯特空间"已经成为量子研究者不可或缺的数学工具。

下面我们对希尔伯特空间做一下简单介绍。冯·诺依曼发现，态叠加原理还可以换一种方式来表述：描述体系状态的所有波函数构成一个集合 $\{\psi_n\}$，该集合中任意几个波函数的线性叠加可以得到一个新的波函数，这个新的波函数仍然在此集合中。也就是说，该集合对于线性叠加是封闭的，数学上把这样一个集合称为线性空间。如果该集合中所有波函数都已经归一化，则称为希尔伯特空间。

由此，冯·诺依曼得到了一种描述量子体系状态的数学形式——希尔伯特空间。描述体系状态的全部波函数张开一个希尔伯特空间，量子体系所有的活动都是在这个空间中进行的。

在希尔伯特空间中，一个波函数类似于几何学中的一个矢量，所以波函数也被称为态矢量，简称态矢。

我们以电子的自旋为例，电子的自旋量子态处于自旋向上（α）和向下（β）的叠加态，这样就构成一个二维希尔伯特空间，它是由 α 和 β 这两个基矢张成。所有的态矢量都可以用下式来表示：

$$\psi = \cos\frac{\theta}{2}\alpha + \sin\frac{\theta}{2}(\cos\phi + \mathrm{i}\sin\phi)\beta$$

$$(0 \leqslant \theta \leqslant \pi, 0 \leqslant \phi \leqslant 2\pi)$$

这些矢量在球极坐标系中构成一个封闭的球面，球面上每一个点对应的矢量都是一个态矢，也就是说，所有的态矢与球面上的点都是一一对应的，这个球被叫做布洛赫球（图15-6）。

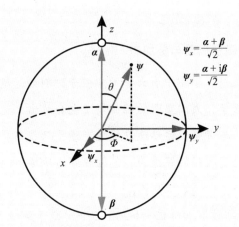

$$\psi_x = \frac{\alpha + \beta}{\sqrt{2}}$$

$$\psi_y = \frac{\alpha + i\beta}{\sqrt{2}}$$

图 15-6　布洛赫球

　　布洛赫球北极和南极的两个矢量分别代表 **α** 和 **β**，其他矢量是 **α** 和 **β** 的不同叠加态（如图中沿 *x* 轴的矢量 **ψ**$_x$ 和沿 *y* 轴的矢量 **ψ**$_y$）。这样，分析波函数（态矢量）的演化就有了一种形象的可视化手段，这在量子计算机的研究中是非常有用的。

　　现在，波函数已经有了 4 种叫法——波函数、态函数、概率幅和态矢量。这 4 种叫法从不同的视角展示了量子力学的特性，其中态矢量主要体现了波函数的叠加特性。不同的形式并不影响有物理意义的结果，所以允许我们选择方便的形式来处理具体的物理问题。

扩展阅读

中微子振荡与叠加态

中微子是基本粒子之一，宇宙中有大量的中微子，例如，超新星爆发会产生大量中微子，太阳里面的轻核聚变也会放出大量中微子。中微子质量小，不带电，运动速度接近光速，只参与非常微弱的弱相互作用，具有极强的穿透力，能轻松穿透地球，就像宇宙间的"隐形人"。

地球上每平方厘米每秒有600亿～1 200亿个中微子穿过，但是每100亿个中微子中才有一个会与物质发生反应，因此中微子的检测非常困难。1930年，泡利提出了中微子的假说，直到1956年才被观测到，证明了它的存在。

中微子有3味，分别是电子中微子（ν_e）、μ子中微子（ν_μ）和τ子中微子（ν_τ），这三味中微子除了质量依次增大外，其他性质完全一样。在对中微子的观测中，人们发现它有一种奇特的性质，就是它能够变身。它在飞行过程中会从一味中微子变成另一味中微子，而且还能变回来，这样不断地变来变去，呈现出周期性的转化，人们称之为中微子振荡。

这三味中微子在理论上是不会相互转化的，那么，为什么在实验中总是观察到周期性的转化呢？

原来，中微子有三种质量本征态（ν_1、ν_2、ν_3），三味中微子都处于这三种质量本征态的叠加态。即：

$$\nu_e = C_1' \nu_1 + C_2' \nu_2 + C_3' \nu_3$$
$$\nu_\mu = C_1'' \nu_1 + C_2'' \nu_2 + C_3'' \nu_3$$
$$\nu_\tau = C_1''' \nu_1 + C_2''' \nu_2 + C_3''' \nu_3$$

　　三种质量本征态（ν_1、ν_2、ν_3）的波长不一样，这些非常微小的波长差异，在积累了足够长的距离之后，就会变成显著的相位差异，导致在不同距离上叠加态的组合系数不一样。假设一开始我们只有 ν_e，经过一段时间，飞行一定距离后，它的组合系数由 C_1'、C_2'、C_3' 演化成了 C_1、C_2、C_3，变成了

$$\nu = C_1\nu_1 + C_2\nu_2 + C_3\nu_3$$

　　于是这时候的中微子实际上成了 ν_e、ν_μ 和 ν_τ 的叠加态，这时候进行测量，就有了 ν_μ 和 ν_τ 出现的概率，而 ν_e 出现的概率则比原来低了。随着组合系数的演化，测量结果会周期性变化，这个周期通常在千米量级。

　　中微子的振荡现象，可以看作是态叠加原理有效性和必要性的直接证据。如果没有叠加态的存在，很难解释中微子振荡现象。

第五篇

量子奥义·纠缠

16 分而不离

爱因斯坦是量子理论的创始人之一。但他却是坚定的决定论信奉者，他坚信"上帝不会掷骰子"，反对概率论，尤其不认同不确定原理和叠加态。1927年和1930年，他在索尔维会议上两次就不确定原理发起攻击，都被玻尔化解，以失败而告终。但是，爱因斯坦并没有放弃，他改变策略，决定采用反证法，从内部攻破这座堡垒：如果从量子力学基本原理出发，推演出一个十分荒谬的结果，那不就说明量子力学是不完备的吗？

要知道爱因斯坦可是把狄拉克的《量子力学原理》当休闲读物来读的人，虽然大家公认玻尔是量子力学的领军人物，但实际上爱因斯坦对量子力学也是了如指掌。在爱因斯坦苦心孤诣的推敲下，他终于发现了量子力学的一处"破绽"。但是，他这一次不能直接面对面的和玻尔交锋了，因为，欧洲发生了巨大的变化。

1933年，德国纳粹上台，欧洲战云密布。德国国内，排挤犹太人的行动愈演愈烈，连爱因斯坦也未能幸免。犹太人科学家纷纷逃离德国乃至欧洲，在这样的情势下，爱因斯坦于1933年10月移居美国，从此再没回过欧洲大陆。

尽管1933年的第七次索尔维会议仍然按时在布鲁塞尔召开，但爱因斯坦已经没法参加了。而哥本哈根学派以玻尔为首，海森伯、泡利、狄拉克等人悉数出席，可谓阵容强大。虽然持决定论的德布罗意和薛定谔也出席了会议，但失去了主心骨爱因斯坦，两人都没有向量子力学提出挑战，这令玻尔大大松了一口气。看起来，论战似乎已经尘埃落定。

尽管这时候玻尔和海森伯还是为了量子力学而并肩战斗的情同父子的师徒，但他们不会想到，几年后，两人的关系会发生急剧的变化。1940年，德国出兵占领了丹麦，玻尔的研究所被监控起来。1941年，海森伯造访玻尔的研究所，这时候，他已经成为德国原子弹计划的总负责人，身份特殊。两人的谈话是在玻尔的办公室里进行的，海森伯试探性地问了些问题，而玻尔假装没听懂，于是这次简短的谈话不欢而散。1943年9月，玻尔秘密逃离丹麦，直到战后才回来。战后，海森伯被美军俘虏，送到英国关押起来，但在1946年被释放。后来，海森伯和玻尔又有几次见面，但两人的关系再也不可能回到从前了。

1933年10月，爱因斯坦移居美国后，入驻普林斯顿高等研究院，这一年，他已经54岁了。他原来习惯说德语，但在这里需要靠英文交流，由于他的英文说的不太好，所以第二年，他给自己招了两名助手。

一个是来自麻省理工学院的25岁年轻人罗森(Rosen)，另一个是在俄罗斯出生的39岁的波多尔斯基(Podolsky)。

生活步入正轨后，爱因斯坦终于开始实现他再次挑战量子力学的计划了。他把自己发现的量子力学的"破绽"告诉他的两个助手，讨论了几次以后，爱因斯坦安排罗森做大部分的数学计算，然后安排波多尔斯基执笔撰写论文。

1935年年初，波多尔斯基将论文写好了，爱因斯坦看过之后不太满意，但他也不想再改了，因为毕竟需要用英文撰写，这对习惯用德语的爱因斯坦来说并不容易，所以他最后同意发表。1935年5月，这篇题为《量子力学对物理实在性的描述是完备的吗?》的论文发表在《物理评论》上，这篇论文的观点后来以三位作者姓名的首字母命名，被人们称为"EPR佯谬"。

爱因斯坦随后写信向他的坚定追随者薛定谔介绍了论文的由来："因为语言问题，这篇论文在长时间的讨论之后是由波多尔斯基执笔的。我的意思并没有被很好地表达出来。其实，最关键的问题反而在研究讨论的过程中被掩盖了。"即便如此，EPR论文中的观点仍然引起了量子力学界的震动。"太不可思议了!""这怎么可能?"是很多人的第一反应。薛定谔也备受鼓舞，忍了这么多年，终于要扬眉吐气了，他不但给EPR论文中描述的粒子状态起了个名字叫"纠缠态"，还趁势提出了"薛定谔的猫"佯谬（见第13章），为担任主攻的爱因斯坦输送炮弹。

薛定谔还是有两下子的，"纠缠态"这个名字起的非常形象，比"EPR佯谬"好记多了，一下子就传开了。那么，到底什么是纠缠态呢？

爱因斯坦发现，根据量子力学原理可推导出一个结论 —— 对于一对出发前有一定关系、但出发后完全失去联系的粒子，对其中一个粒子的测量可以瞬间改变任意远距离之外另一个粒子的状态，即使二者间不存在任何连接，这对粒子就处于"纠缠态"。这个改变在瞬时发生，不需要任何传递时间，也就是说，这个改变是超光速的。

设想有一个量子系统由两个电子A和B构成，但两个电子的总自旋为零，这意味着它们总是处于自旋相反的状态。现在将两个电子分别置于相距遥远的两个地方，例如，A在地球上，B在火星上。按照量子力学，这时候每个电子都处于自旋向上和自旋向下的叠加态，是不确定的。但如果对地球上的电子A进行测量，假设其随机变为自旋向上的确定态，那么火星上的电子B会瞬间变成自旋向下的确定态，即使你没对它测量（图16-1）。也就是说，B的状态似乎是瞬间被A的测量所控制，这种控制行为以超光速的方式发生。这是从量子力学原理推演出来的必然结果。

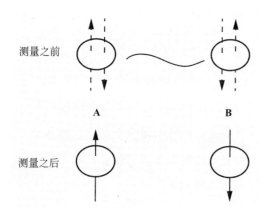

图16-1 纠缠态电子测量前后自旋状态的变化

根据量子力学，处于纠缠态的粒子，即使空间上分离遥远，仍然存在内在量子关联，它们的量子关联与距离无关，对其中一个粒子的任何操作都会瞬时地改变另一个粒子的状态。爱因斯坦抓住的"破绽"，就是这个"瞬时改变"，他认为这违反了相对论里信息传递速度不能超过光速的原理，将违背因果律，所以是根本不可能的。为了凸显其"荒谬"，爱因斯坦把它叫做"幽灵般的超距作用"，以此来证明量子力学是不完备的。

EPR 论文一经发表，哥本哈根学派就坐不住了。泡利给海森伯写信

扩展阅读

上述例子如果用量子力学的语言来描述，可以这样表述：电子的自旋量子态处于自旋向上（设其波函数为 α）和向下（设其波函数为 β）的叠加态，两个电子 A 和 B 总自旋为零的状态只有两种可能：A 上 B 下（$\alpha_A\beta_B$）和 A 下 B 上（$\beta_A\alpha_B$），因此，AB 系统的状态应当是

$$\psi_{AB} = \frac{1}{\sqrt{2}}(\alpha_A\beta_B + \alpha_B\beta_A)$$

或 $$\psi_{AB} = \frac{1}{\sqrt{2}}(\alpha_A\beta_B - \alpha_B\beta_A)$$

ψ_{AB} 就是纠缠态（式中，$\frac{1}{\sqrt{2}}$ 为归一化系数）。如果进行测量，系统将有 50% 的概率坍缩为 $\alpha_A\beta_B$，在此态中 A 电子自旋向上 B 电子自旋向下；另有 50% 的概率坍缩为 $\beta_A\alpha_B$，此状态中情形刚好相反。由此不难看出，无论测量使系统坍缩到哪个状态，两电子的自旋方向总是相反。虽然你无法预测单次测量结果，但是你能确定，无论 A 变成什么，B 总是与它相反。

说："爱因斯坦再一次公开抨击量子力学，甚至发表在5月15日的《物理评论》上，还有波多尔斯基和罗森也跟着起哄。正如我们都知道的，这种事情无论何时发生，都是一场灾难。"然后泡利鼓动海森伯立刻撰文反驳。

海森伯还没想好怎么反驳，玻尔就已经行动了。当玻尔看到EPR论文后，大惊失色，他立即放下手头的一切工作来思索如何应对。经过3个月的艰苦工作，玻尔终于把回应提交给《物理评论》杂志。他的论文题目和EPR论文题目一模一样:《量子力学对物理实在性的描述是完备的吗?》。

实际上，玻尔的反驳并不像前两次那样有力，因为"纠缠态"的推论本来就没有错，玻尔也承认这种推论结果的存在，不过，爱因斯坦认为这种结果根本不可能发生，而玻尔认为是可以发生的，仅此而已。也就是说，对于论文题目，爱因斯坦给出的答案是"否"，而玻尔给出的答案是"是"。

这样的争论其实陷入了哲学上的争论，是不会分出胜负的。狄拉克最开始被爱因斯坦震住了，他对身边的人说："现在我们不得不重新开始了，因为爱因斯坦证明量子力学行不通。"不过，当玻尔的回应发表后，他又改变了主意，他选择相信玻尔，因为量子力学早已证明它的价值，没必要推倒重来。但是，他的哲学观点还是动摇了，他后来在1975年的一次演讲中说道："关于现在的量子力学，存在一些很大的困难 …… 我认为很可能在将来的某个时间，我们会得到一个改进了的量子力学，使其回到决定论，从而证明爱因斯坦的观点是正确的。"

　　从狄拉克态度的变化，就能看出爱因斯坦这一次对量子力学的反击是相当有力的，没有人认为超光速的变化是可能的，除了玻尔。很显然，要想一分胜负，只有通过实验来判定。可惜的是，纠缠态实验太难做了，玻尔和爱因斯坦都没有在有生之年看到它，这真是物理学界的一大憾事。而这也导致爱因斯坦一辈子都不接受量子力学对世界本质的描述。海森伯在回忆文章中写道："1954年，爱因斯坦去世前几个月，他同我讨论了这个问题。那是我同爱因斯坦度过的一个愉快的下午，但一谈到量子力学的诠释时，仍然是他不能说服我，我也不能说服他。他总是说：'是的，我承认，凡是能用量子力学计算出结果的实验，都是如你所说的那样出现的，然而这样的方案不可能是自然界的最终描述。'"

　　1955年4月18日，爱因斯坦逝世，享年76岁。1962年11月18日，玻尔逝世，享年77岁。虽然玻尔的黑板上仍然画着爱因斯坦的光盒，但失去了主角的世纪论战已然成为了历史的绝唱。

什么是纠缠态？爱因斯坦和
玻尔争论的焦点是什么？

扔掉骰子 17

　　关于量子纠缠，有一个常见的错误比喻，这就是爱因斯坦提出来的手套比喻。爱因斯坦认为，一对纠缠的粒子在出发前其实已经固定了状态，不过是你不知道罢了。就像把一双手套分别放在两个密闭的箱子里，当你打开一个箱子发现是左手的时候，你瞬间就知道另一个是右手。这样的话就不存在超光速的问题了，因为根本没有信息传送。但事实上这个比喻是不符合量子力学的思想的，因为这里否定了叠加态的存在，这是爱因斯坦所支持的决定论思想的体现。如果按量子力学的思想，两个箱子里的手套都是处于左右手套的叠加，是不确定的。如果还用两个总自旋为零的纠缠态电子为例，那么就是片面的。爱因斯坦对于纠缠与测量的看法可以用图17-1表示，它与图16-1是完全不同的。

　　事实上，爱因斯坦的观点在那个年代是不好反驳

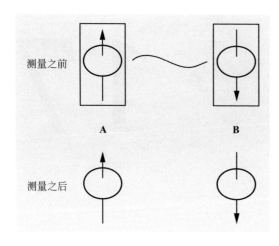

测量之前

A　　B

测量之后

图 17-1　决定论者认为的纠缠与测量

的。因为量子力学虽然承认叠加态的存在，但是你是没法直接观察叠加态的，因为你一测量它就变成了确定态。所以即使之前是左右手套的叠加，但是你一打开箱子只能看到是左手或右手，和爱因斯坦看到的结果是一样的。所以玻尔和爱因斯坦都无法证明对方是错的。

持决定论的物理学家们认为，目前量子理论之所以是一个概率统计理论，是因为还存在着尚未发现的隐藏变量，简称为"隐变量"。如果能找出这些隐变量并把它们加入量子力学的方程里，就可以对微观粒子的运动状态作出"精确"的描述，而不只是"概率"性的描述。这种理论被统称为隐变量理论。在爱因斯坦的支持下，这样的思想一直没有绝迹，虽然势力弱小，但一直坚持与量子力学的正统解释做对抗。

最早的隐变量理论就是德布罗意的"导波理论"。在导波理论中，德布罗意认为，粒子和波是同时存在着的，粒子就像冲浪运动员一样，乘波而来，在波的导航下，粒子从一个位置到另一个位置，它是有路径的。但是，在第五次索尔维会议上，他被泡利批驳得哑口无言，爱因斯坦也没有给予他相应的支持，这让德布罗意非常失望。几天后会议结束，爱因斯坦要回家了，也许是出于歉意，他拍着德布罗意的肩膀说："要坚持，你的路子是对的。"但是爱因斯坦的鼓励并没有起到作用，德布罗意放弃了他的理论，没有继续往下研究。

随着量子力学的蓬勃发展，隐变量理论陷入低谷，爱因斯坦虽然在不断给量子力学挑毛病，但他自己并没有提出一个隐变量理论。

直到20世纪50年代，隐变量理论才重新焕发出生机。1951年左右，在爱因斯坦的鼓励下，普林斯顿大学的物理学家戴维·玻姆（1917—1992）将德布罗意的导波理论重新挖掘出来并加以修葺，发展出一个新版本的隐变量理论，被称为玻姆理论，也叫量子势理论。他在1952—1954年期间接连发表数篇重要论文，奠定了量子势理论的基础。

在玻姆理论中，波和粒子同时存在，粒子沿着一条由波函数控制的

玻姆

确定轨迹演化。这套理论能让人们用类似牛顿力学的方法来研究量子世界的规律，而且还能解释许多量子实验，这让持决定论思想的人们大为振奋。

玻姆的父亲原籍奥匈帝国，后迁居美国，玻姆在美国出生。1947年，玻姆获得博士学位，来到普林斯顿大学成为助理教授，担任量子力学课程的教学。1951年，他撰写了《量子理论》一书，由于这部书清晰地阐述出量子力学公式背后的重要物理思想，并很详细地讨论了通常容易被忽视的困难问题，如量子理论的经典极限、测量问题以及EPR佯谬等，一出版便大受欢迎。在书中，玻姆清醒地指出，EPR佯谬中所揭示的量子纠缠关系，是一种"非因果关联"，即使存在这种超距作用，也不会破坏因果律。所以EPR佯谬对量子理论的杀伤力，并没有爱因斯坦想象的那么大。

在完成《量子理论》一书后，玻姆将他的书分寄给了爱因斯坦、玻尔和泡利。玻尔没有答复。泡利热情地称他写得好。爱因斯坦最为重视，近水楼台先得月，他直接邀请玻姆到他寓所进行讨论。玻姆找到爱因斯坦，与他做了详尽的讨论。在与爱因斯坦的讨论中，玻姆极大地强化了这样一种信念，就物理学应该对物理实在作出客观而完备的描述而言，量子理论缺少了某种基本的东西。于是，在爱因斯坦的鼓励下，他开始发展隐变量理论。

不久，玻姆在普林斯顿大学的合同期满，当时麦卡锡主义盛行，他害怕在美国遇到不测，于是在1951年秋离开美国到巴西任教。果然不出所料，玻姆在巴西期间，美国官方取消了他的护照，致使玻姆开始了流亡国外的学术生涯。1955年，玻姆辗转到了以色列，1957年又移居英国。多年的漂泊并没有扼杀他的研究热情，他在以色列期间对EPR佯谬进行了详细的逻辑梳理和重新阐释，为后来贝尔发现著名的贝尔不等式做出了重要铺垫。

在玻姆的理论中，波函数被重新解释为一种表达客观实在的场。玻姆假设存在一种实在的粒子，其运动嵌在场中，沿着实在的空间轨道，并且依照强加的"制导条件"，"受制"于相位函数。于是，每一个场中的每一个粒子均具有精确定义的位置和动量，沿着相应相位函数决定的轨道运动。这样得到的运动方程不仅依赖于经典势能，还依赖于由波函数决定的另一种势能，玻姆称之为量子势。

按量子势理论，原则上我们能追踪每一个粒子的轨迹。但是由于我们无法确定每个粒子的初始条件，所以才只能计算概率。概率仍然联系着波函数的振幅，但这并不意味着波函数只有统计意义。相反，波函数被假设具有很强的物理意义 —— 它决定了量子势的形状。图17-2给出了对具有一定量子势初始条件的电子计算出的双缝实验的运动轨迹。可以看到，各条轨迹在离开每一缝隙后立刻发散，但它们互

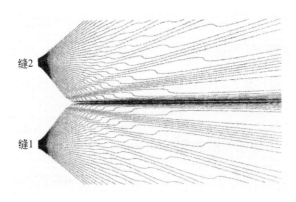

缝2

缝1

图17-2　用量子势计算出的
电子通过双缝的理论轨迹

不相交。两个缝隙的轨迹在正中间有分界线，各占屏幕的一半。电子会沿图中的某一条轨迹运动，然后落在屏幕上，每个电子有不同的初始条件，所以它们各自沿着不同的轨迹到达屏幕，总的结果是屏上的干涉图像的形成。

量子势理论虽然认为粒子的位置和动量在原理上是可以精确确定的，但也承认测量仪器或测量过程对波函数有重要影响，因而会直接影响量子势，从而影响粒子路径。所以测量仪器仍然是关键，量子粒子的轨迹取决于实验设置。在测量仪器对测量结果有决定性影响这一点上，玻姆理论与玻尔的主张实际并不冲突。

"整体性"是量子势理论的核心，量子势实际上将空间里的所有东西看作一个不可分割的整体，任何测量仪器的变化都将导致整个量子势场的变化。量子势理论采取的是"自上而下"的方法：整体比其局部之和具有大得多的意义，并且实际上决定着各个局部的性质和行为。

到了20世纪80年代，玻姆又将其理论进一步发展，提出了"隐缠序理论"。他认为，物理世界有确定的秩序，不过这些信息因为波函数"卷起"而隐藏，一切可被感知和加以实验的特征（显析序）乃是包含在隐缠序里的潜在性的实现，此时波函数被"展开"。隐缠序不但包含这些潜在性，而且决定着哪一个将被实现。在此，波函数的卷起和展开活动是最基本的。波的性质和粒子的性质在波函数不断地卷起和展开中得到体现。

1992年，玻姆逝世，从1952年提出理论到1992年逝世，在40年的时间里，除了寥寥几位物理学家的支持，玻姆几乎一直都是在孤独地耕耘着这片土地。但是，在玻姆去世以后，玻姆理论受到越来越多的关注，陆续出现了一些研究将玻姆理论继续向前推进。有的学者将其推广到相对论时空中，有的学者打通了玻姆理论与量子场论的联系。尽管前路艰难，但这是决定论者眼里一点微弱的希望之光，它能否成功还需要后来者继续探索。

18 不等式的判决

爱因斯坦和玻尔的世纪之争，在20世纪60年代终于迎来了转机，人们终于能够将争论从哲学层面转移到物理上来，这其中最大的功劳，要归功于贝尔不等式的发现。

约翰·斯图尔特·贝尔（1928—1990）在1956年取得了英国伯明翰大学的物理学博士学位。他先后在英国原子能管理局和日内瓦的欧洲核子研究组织（CERN）工作。虽然他的主业是从事粒子物理学和粒子加速器的研究，但他的"业余爱好"是探索量子论的基本问题。上大学时，贝尔的物理成绩非常优秀，但他不满意老师讲授的量子论，他发现量子论某些神秘的特性在课堂上没有得到解释，因此，他一直想找到答案，所以就利用业余时间自己进行研究。

1963年，贝尔休了一年假，离开欧洲去美国访学。他终于有时间全身心地投入自己的"业余爱好"

当中，去真正探索量子力学的核心问题。1964年，他回到欧洲，连续写了两篇论文。正是这两篇论文，让他的"业余爱好"成了他主要的物理学成就。

第一篇是《论量子力学的隐变量问题》，这篇论文勇敢挑战了冯·诺依曼，指出了他关于隐变量理论的错误论断。冯·诺依曼在《量子力学的数学基础》一书里，假设几个可观测量之和的预期值等于其中每一个可观测量的预期值之和，并由此证明能够减少量子体系不确定性的"隐变量"是不存在的。贝尔指出这一假设从物理学角度看是不成立的，这样，冯·诺依曼否定隐变量理论的论断就是错误的。这一发现，消除了物理学界对隐变量理论多年的误解。

第二篇论文题目叫《论EPR佯谬》，在这篇论文中，贝尔提出了著名的贝尔不等式。

贝尔发现了当年玻爱论争中的一个重要事实：所谓"EPR佯谬"根本不是什么佯谬。爱因斯坦和玻尔争论的焦点就在于纠缠态可不可能存在。他发现，纠缠态跟爱因斯坦所坚信的定域关联无法并存，但是，如果是非定域关联，纠缠态就是可以存在的。

在两个空间上分离的物理系统中，对一个系统的作用（如测量）不会立即对另一个系统产生影响，这就叫"定域关联"。定域关联建立在一系列从一点到下一点、在空间连续传递的影响机制之上，所以一定时间内，因果关系只会维持在特定的区域，影响速度不能超光速。但是"非定域关联"就不受光速的限制，对一个系统的作用会瞬间对另一个系统产生影响。

所以说，问题的关键是如何找到一个可行的实验方案，使定域关联和非定域关联的实验结果具有明显的区别，这样就能判断谁是谁非了。经过仔细研究，贝尔终于推导出一个计算关联程度的不等式，如果是定域关联，就满足这个不等式，如果是非定域关联，就违背这个不等式。这就是贝尔不等式。

按照贝尔不等式，如果两个纠缠态粒子出发后就确定了状态（爱因斯坦的观点），那么，这两个粒子的测量结果关联度：

$$|S| \leqslant 2$$

反之，如果两个纠缠态粒子出发后状态不确定，只有测量时才会随机变化（量子力学的观点），这个关联度将会突破2，最大达到$2\sqrt{2}$。

贝尔不等式给出了定域和非定域的检验标准，具有重要意义，但是，不知为何，贝尔的文章没有发表在知名期刊上，而是刊登在名不见经传的美国《物理》杂志上。这个杂志1964年刚刚创刊，贝尔的文章就发表在创刊号上。更悲催的是，《物理》杂志竟然没办下去，只发行了一年就停刊了，成为历史上最短命的物理学杂志。于是，贝尔不等式一度被埋没在浩瀚的文献资料里，不为人知。

1967年，美国哥伦比亚大学的博士研究生约翰·克劳瑟在图书馆查阅资料时，偶然翻阅到了贝尔的论文。克劳瑟读完这篇论文，马上意识到，贝尔不等式可以验证EPR佯谬的实质。克劳瑟的博士研究课题是宇宙微波背景辐射和射电天文学，但他和贝尔一样，"业余爱好"也是量子理论。克劳瑟对EPR佯谬非常熟悉，也很了解波姆的隐变量理

贝尔在讲解贝尔不等式

论，自己平时没事就思考这个问题，所以当他看到贝尔不等式以后，马上茅塞顿开。他决定自己做实验，验证贝尔不等式是否成立。

作为一个学生，克劳瑟自己并没有独立的研究经费，导师也对于他的研究计划不感兴趣，所以他只好自己东拼西凑收集实验器材，设计实验方案，准备的非常艰难。1969年，他终于完成了实验方案设计，于是给一个物理研讨会寄去了论文摘要，介绍验证贝尔不等式的实验可以如何设计。这一摘要发表在1969年春美国物理学会华盛顿会议的《快报》上。

不久后，孤军奋战的克劳瑟接到了一个电话，是波士顿大学的阿伯纳·西摩尼和迈克尔·霍恩打来的。克劳瑟与他们并不相识，但是，当他们表明来意后，克劳瑟激动起来，他们要跟克劳瑟合作研究！原来，西摩尼和霍恩也在筹划相同的实验内容，当他们看到克劳瑟的会议摘要后，就联系了他。两人已经找好了实验场地，还找到了一位实验物理学家理查德·霍尔特帮忙，这对克劳瑟来说简直是雪中送炭，他一分钟也没多想，立刻答应下来。就这样，他们一起投入了这项研究。

很快，他们就完成了一篇开创性的论文，将其发表于1969年的《物理评论快报》。该文取消了贝尔不等式的一条特殊的限制性假设，从而改良了贝尔不等式，使它的判定结果更加可靠，实现了新的理论突破，并详细描述了如何用一个改进的实验来验证贝尔不等式。

随后，他们开始开展实验。首先，他们需要一对处于纠缠态的粒子，他们选择了"孪生光子"。对于某些特殊的激发态原子，电子从激发态经过连续两次量子跃迁返回到基态，可以同时释放出两个沿相反方向飞出的光子，而且这个光子对的净角动量为零。这种光子称为"孪生光子"。他们选择了钙原子（^{40}Ca），将其用强紫外线激发后，会放出"孪生光子"，如图18-1所示。

孪生光子产生后沿相反方向飞出，已经没有任何联系，但是因为它

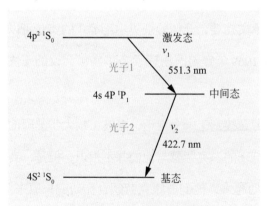

图 18-1　钙原子放出"孪生光子"能级变化图

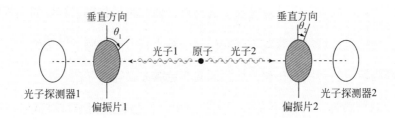

图 18-2 通过处于纠缠态的孪生光子检验贝尔不等式的实验示意图

们的净角动量为零，所以从理论上来讲，如果你对其中一个光子进行偏振方向测量，另一个光子就必须得和这个光子保持偏振方向一致，否则就没法维持净角动量为零。这就说明，这两个光子是相互纠缠的。

实验示意图见图 18-2。把两块偏振片分别放在左右两边，分别测量这对"孪生光子"的偏振方向，然后计算偏振关联度。为了验证贝尔不等式是否成立，需要改变两个偏振片的夹角，让它们的夹角在 −90°～90° 的范围内任意变化。量子力学和隐变量理论之间的差别非常微小，研究者只有精确地测量光子对在不同偏振角度下的偏振关联度（图 18-3），才能判断哪一种理论是正确的。

由于他们使用的光信号很弱，还有很多杂散的非相关的光子，所

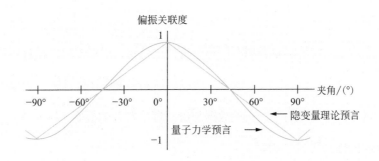

图 18-3 量子力学和隐变量理论预言的偏振关联度曲线

以实验难度很大。但是经过艰苦的努力，他们终于获得了有效的实验数据，结果是：贝尔不等式不成立！这一结果有力地支持了量子论，否定了爱因斯坦的定域实在观，从而证实非定域关联确实存在。

克劳瑟等于1972年发表了实验结果，但是也遗留了一些问题。受条件限制，他们的实验中有大量未被观察的光子，实验所用的探测器功效也十分有限。因此，探测器的有限功效和大量未被观测的光子对实验结论的影响究竟有多大，就成为一个重大问题。

随着技术的进步，激光技术被引入到实验中，人们有了完善这一实验的能力。1982年，法国巴黎大学的阿莱恩·阿斯派克特采用激光激发钙原子，又做了一系列精度更高、实验条件更苛刻的实验。他把两个偏振片之间的距离增加到13 m，采用了声光调制器控制的量子开关变换偏振片方向。光传输这13 m的时间是43 ns，而量子开关时间仅有6.7～13.3 ns，这样就排除了两个光子在进入开关前有相互联系的可能。为了消除实验的系统误差，他们还采用了光子双通道的方案，使光子先经过一道闸门，然后进入偏振器，闸门可以改变光子的方向，引导它去向两个不同的方向。最后把四个通道的测量数据汇总到监测器中进行符合处理（图18-4）。

阿斯派克特的实验思想之精巧，设计之精密，设备器材之精良堪称一绝，使业内人士无不赞叹。最终，他以极高的精度确切地证明了贝尔不等式不成立，更关键的是，实验数据与量子理论符合的很好（图18-5），隐变量理论输给了量子力学。

这一实验是阿斯派克特的博士论文研究成果。1983年，在阿斯派

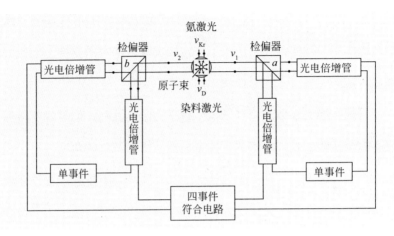

图 18-4　阿斯派克特检验贝尔不等式的实验装置图

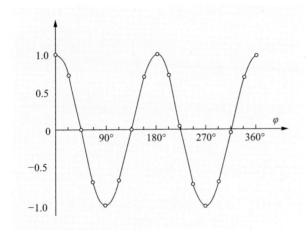

图 18-5　阿斯派克特的
实验结果

克特的博士论文答辩会上，贝尔亲自到场，考察了他的实验，对这一成果赞叹不止。从1964年贝尔不等式发表，到1982年阿斯派克特实验成功，物理学家们经过近20年的奋斗，终于为玻爱之争找到了答案。对贝尔来说，也终于了却了他的一桩心愿。

到了20世纪90年代，人们把这个实验中两个偏振片之间的距离增加到近11 km，结果仍然没变。而且可计算出光子做出反应的速度至少超过了光速的1000万倍！这个结果证实了爱因斯坦所不喜欢的"幽灵般的超距作用"确实存在，给予了非定域关联以绝对的支持，定域关联被彻底否定。

尽管现在绝大多数人已经承认了量子力学的胜利，但是隐变量理论并没有完全认输，爱因斯坦的支持者仍然从极为苛刻的角度指出上述实验仍然存在"漏洞"。所以直到现在，物理学家们还在进行着条件越来越苛刻的实验。但是，无一例外，实验越精确，结果与量子力学符合的越好。而隐变量理论也在积极求变，玻姆的理论就发展成了非定域的隐变量理论，并不能被贝尔实验排除（非定域的隐变量已经悖离了爱因斯坦的初衷，爱因斯坦坚持的是定域关联）。总之，这场争论还没有完全落幕。

双粒子纠缠现象从实验上被证实以后，人们自然而然地想到了多粒子纠缠的可能性。

1983年，中国科学院福建物质结构研究所发明了一种性能优异的非线性光学晶体——BBO晶体（偏硼酸钡晶体，图18-6），其很快在量子光学领域获得了广泛应用。1995年，奥地利物理学家塞林

图18-6　BBO晶体
（https://gb.castech.com/product/BBO-%E6%99%B6%E4%BD%93-106.html）

格（Zeilinger）团队发明了利用BBO晶体来实现双光子偏振纠缠的方法 —— 用一个紫外激光脉冲照射BBO晶体，可以有一定概率产生一对偏振方向相互垂直的纠缠光子对。这为多光子纠缠的制备提供了基础。

那么如何制备三个相互纠缠的光子呢？1997年，塞林格团队提出一个方案：把两个纠缠光子对放入某种实验装置中，令光子对1中的一个光子跟光子对2中的一个光子发生纠缠（即令二者变得无法区分），二者构成新的纠缠关系；俘获这个新的纠缠光子对中的一个光子，则剩余的三个光子便会彼此纠缠。1999年，塞林格团队首次实现了三光子纠缠，在该团队工作的中国留学生潘建伟作为研究骨干，为这一工作做出了重要贡献。

2000年，潘建伟学成回国，在中国科学技术大学建立了实验室，

潘建伟（中国科学院院士）

(https://www.sohu.com/a/191058951_703572)

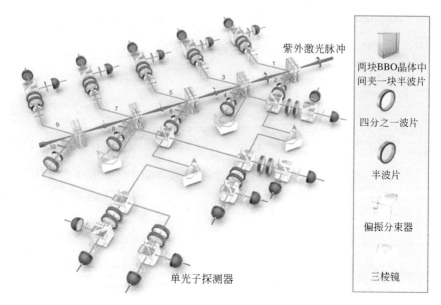

图18-7 十光子纠缠实验装置图

以其为代表的中国科学家在光量子信息处理领域走到了国际的最前沿，开始不断创造多光子纠缠的纪录。从2004年开始，潘建伟团队依次实现了五光子、六光子以及八光子的纠缠。2016年，潘建伟团队再度打破纪录，成功实现十光子纠缠（图18-7）。

随着纠缠光子数的逐步增加，多光子纠缠被科学家们广泛应用到量子力学理论检验、量子计算机、量子保密通信、量子隐形传态等各个方面，极大地引领和推动了量子信息科学的发展。2022年，诺贝尔物理学奖授予了克劳瑟、阿斯派克特和塞林格三人，以表彰他们"用纠缠光子进行实验，证实贝尔不等式不成立并开创量子信息科学"。

扩展阅读

纠缠态能不能超光速传递信息？

面对纠缠态"幽灵般的超距作用"，人们最好奇的一个问题就是：纠缠态到底能不能超光速传递信息？

笔者认为，答案是不行。纠缠态粒子虽然可以瞬时同步改变状态，但并不能传递有效信息。因为我们虽然能通过测量让纠缠态粒子从叠加态变成确定态，但却无法控制它们变成哪一种确定态，这种测量结果是随机的，因此并不能传递有效信息。

例如，我们还用上面的孪生光子来传递信息，现代数字信息都是由"0"和"1"组成的二进制代码序列，假设我们要传递信息"10"。如图 18-8 所示，甲乙双方事先约定偏振片垂直放置，把光子的垂直偏振态作为"1"，水平偏振态作为"0"，然后甲制备 2 对孪生光子并测量自己这一侧的光子，如果甲能控制测量结果按设定的规律"10"变化，那就好办了，关键是，甲只能观察结果是"0"还是"1"，而没法控制它变成"0"或者"1"。于是，甲测量完以后，可能得到的是"11"，乙的测量结果同样也是"11"，甲只能打电话（或其他经典的信息传递方式）告诉乙，这次作废，重来。重来可能得到的又是"00"，还不对，再重来。下一次，可能终于得到了"10"，可甲还得打电话告诉乙，这次对了，有效。如果甲不打电话，乙就不知道对错。显然，只有配合打电话（或其他经典的信息传递方式）才能传递有效信息，这样一来，纠缠态信息传递速度还是不能超过光速。

图18-8　纠缠态传递信息示意图

量子纠缠能超光速传递信息吗?

第六篇

量子·新发展

19 无路不走

　　如果给量子力学的创始人分一下代的话，普朗克、爱因斯坦和玻尔应该算是第一代量子大师，1900—1913年，他们把量子理论引入了物理学；德布罗意、海森伯、薛定谔、玻恩、狄拉克和泡利应该是第二代量子大师，1923—1930年，他们建立了量子力学的理论体系。这时候，量子力学的大厦已经基本成型了，大多数人只能添砖加瓦，但是谁也没想到，有人还能直接加盖一层楼，这个人就是第三代量子大师——理查德·费曼（1918—1988）。没错，他就是我们前面已经多次提到过的写了著名的《费曼物理学讲义》的费曼。

　　费曼在小学就表现出过人的数学天分，被称为"数学神童"。1935年，他进入麻省理工学院学习数学和物理，一入学就开始自学狄拉克的《量子力学原理》，书中的一句话成了他后来一生的信条，只要碰

费曼

到棘手的问题，他就会习惯性地吟诵这句话："看来这里需要全新的物理思想。"

1939年，费曼毕业后进入普林斯顿大学，师从约翰·惠勒（1911—2008）攻读研究生，选定了量子场论作为研究方向。

量子场论在1927—1928年就出现了。量子场论的奠基人不是别人，正是狄拉克。约丹、维格纳、海森伯和泡利等都做出了重要贡献。我们知道，经典的电磁场理论很好地解释了光的性质。电场和磁场的振动就是电磁波，电磁波就是光波。在量子理论诞生之后，物理学家们认识到，光子就是电磁场携带能量的最小单元，即光子是电磁场的场量子。于是他们进一步推测，既然电磁场的场量子是一个基本粒子，那么电子是不是也是某个场的场量子？很快，他们就发展了相关理论，指出电子也可以看作是电子场的场量子。进一步地，每一种基本粒子都可以看成是一种独特的场的量子化的表现形式。于是，量子场论逐渐发展起来了。

1929年，一个新的名词出现了 —— 量子电动力学。"量子电动力学"这个名字听起来挺吓人，但研究内容并不可怕，简单来说，它是关于光和物质相互作用的量子理论。

量子电动力学诞生之初，遇到的最大困难就是在计算过程中总会出现无穷大。在量子场论中，电子被认为是没有大小的点粒子，这导致随着电子的半径趋向于零，电子的质量和电荷将会变得无穷大。狄拉克在《量子力学原理》中那句"看来这里需要全新的物理思想"，就是针对无穷大问题来说的。

费曼决定解决这个问题。大部分物理学家都认为他们面临的困难主要在于数学方面，但是，量子电动力学所需的数学越来越艰深，深得让物理学家们望而生畏。费曼决定另辟蹊径，跳过抽象的数学，用图像化的方法来解决问题。最后，他成功地创立了"路径积分"的新方法，发明了费曼图直观地处理各种粒子的相互作用，并且提出了"重正化"的数学技巧，一举解决了这一难题，得到的计算结果与实验结果达到了惊人的一致性。

例如，有个描述电子自旋的物理常数叫g因子（一个磁矩和角动量之间的比例常数），在狄拉克理论中的数值应该是2，而费曼的计算预测g因子数值为2.002 319 304 76。目前所测的实验值是2.002 319 304 82，这个预测结果是如此惊人的准确，不由得人们不承认费曼理论的正确性。用费曼的话来说，这一精度相当于测量纽约与洛杉矶之间的距离而误差只有一根头发丝的粗细。

费曼总是能用最简洁的图像或者语言描述最复杂的物理现象，具有透过现象看本质的本领。尽管量子电动力学的理论艰深复杂，但当人们问及他关于光与电子相互作用的量子机理时，他只用了三句话就道出了其中的精髓：第一，光子从一处到另一处的行为存在着概率关系；第二，电子从一处到另一处的行为也存在着概率关系；第三，吸收电子还是发射光子同样存在着概率关系。他说，如果你能找到这些概率关系的话，你就会知道电子和光子在相互作用时该发生什么事了。

费曼曾写了一本书《QED：光和物质的奇妙理论》（QED是量子电动力学的英文缩写），书中简单介绍了他的理论。例如，在探讨一个光子从S点经镜面反射到P点的路径时，人们通常认为，光沿着直线传播，光子也应该是这样（图19-1（a））。然而，这个结论却是"错误"的。费曼指出，单个光子运行的特征是"概率性"的，在从S点到P点的运行过程中，光子的轨迹有着许许多多的可能性，或者说，

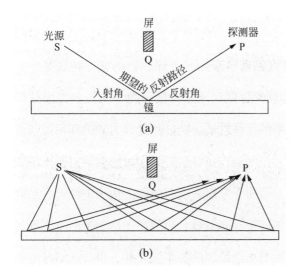

图19-1　光的反射

（a）经典光学路径；

（b）费曼的路径积分图像

有着一切路径的可能性（图19-1（b））。通过对所有路径的概率幅进行求和，就能得到光的最终概率幅，从而得出光走的是用时最短的路径的结果。这就是费曼对于光的反射的解释，也体现了费曼的路径积分的思想。费曼说："光并不是真的只沿一条直线前进，它能'嗅出'与之邻近的那些路径，并在行进时，占用直线周围的一个小小的空间。"

经过费曼的发展，"路径积分"获得了巨大的成功，已经成为量子力学的新的数学表示形式。这样，量子力学就有了三种数学表示形式 —— 波动力学、矩阵力学和路径积分。从数学方法上来说，矩阵力学使用矩阵，波动力学使用微分方程，路径积分则是使用积分的、整体的观念来解释和计算量子力学。并且，路径积分的方法有一个很大的优点：可以很方便地从量子力学扩展到量子场论。因此，路径积分已经成为现代量子场论的基础理论。

创立夸克模型的盖尔曼曾这样评价："量子力学的路径积分形式比一些传统形式更为基本，因为在许多领域它都能被应用，而其他传统表达形式将不再适用。"

路径积分为什么会受到物理学家如此青睐，它的魅力到底是什么呢？答案是：它可以更形象、更直观地分析量子力学与经典力学的联系，它更能够体现物理体系的整体性质。费曼从经典力学的作用量与量子力学中的相位关系出发，把经典作用量引进到了量子力学，得出了粒子在某一时刻的运动状态，取决于它过去所有可能的历史的结论，从而给出了解决量子力学问题的新途径。其核心思想是：从一个时空点到另一个时空点的总概率幅是所有可能路径的概率幅之和，每一条路径的概率幅与该路径的经典力学作用量相对应。

作用量是一个很特别、很抽象的物理量，它表示一个物理系统内在的演化趋向，能唯一地确定这个物理系统的未来。只要设定系统的初始状态与最终状态，那么系统就会沿着作用量最小的方向演化，这被称为最小作用量原理。例如，光在从空气进入水中传播时，它所走的路径是花费时间最少的路径。

把作用量引进量子力学，费曼便架起了一座联结经典力学和量子力学的新桥梁。为了让读者更好地体会路径积分的魅力，我们仍然通过双缝实验来对其思想进行说明。在此，我们要把经典力学的路径和量子力学的概率幅结合起来分析。

以前我们在讨论双缝实验的叠加态时，只考虑了通过狭缝1的状态ψ_1和通过狭缝2的状态ψ_2的叠加，但是ψ_1和ψ_2仅仅显示了电子在双缝处的状态，而电子从出发到双缝，以及从双缝到屏幕的过程并没有显示，也就是说，ψ_1和ψ_2是两种汇总了的状态，即使电子从出发到屏幕有千万条路径，只要通过狭缝1就被汇总到ψ_1中，只要通过狭缝2就被汇总到ψ_2中。

费曼对此展开了追问，如果我们观察电子从出发到屏幕的全过程，会是什么图景？

如图19-2所示，电子枪发射一个电子。在经典运动方式下，电子从A出发落到屏幕上任意一点B时只能通过1、2两条路径到达，而根据电子的量子特性，电子在B点出现的概率幅ψ是路径1的概率幅ψ_1和路径2的概率幅ψ_2之和：

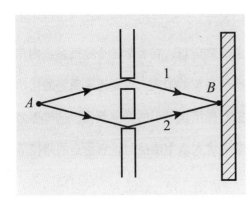

图19-2　按经典运动考虑，电子
有两条可能路径；按量子特性考
虑，落点概率幅是两条路径的概
率幅叠加

$$\psi = \psi_1 + \psi_2$$

下面来设计一个稍微复杂一点的情况，在双缝和屏幕间再插入一块板，板上有三条狭缝，如图19-3所示。按经典路径，那么现在从A到B有6条可能路径。于是电子在B点出现的概率幅就是从路径1到路径6的概率幅之和：

$$\psi = \psi_1 + \psi_2 + \psi_3 + \psi_4 + \psi_5 + \psi_6$$

现在，让我们想象一下，如果在插入的板上刻出更多的狭缝，4条、5条、6条……两条狭缝之间的距离越来越小，当狭缝的数目趋于无穷

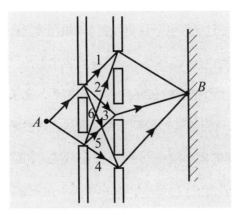

图19-3　双缝和屏幕间插入一块刻
有三条狭缝的板，电子有6条可能
路径

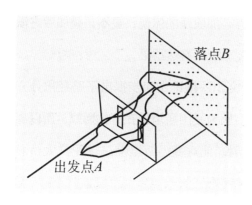

图19-4　电子路径是无数种可能路径的叠加

时，会有什么效果呢？对了，那就是 —— 这块板不见了，就跟没有这块板一样！

虽然空空如也，但我们可以认为在从A到B的空间里插满这种有无穷条狭缝的板，那么电子就在这些板之间来回碰撞转折，于是有无数条可能的路径实现从A到B的过程，如图19-4中给出的3条可能路径。所以，在双缝干涉实验中，电子在B点出现的概率幅就是空间中所有可能路径的概率幅之和：

$$\psi = \psi_1 + \psi_2 + \psi_3 + \cdots$$

我们知道，积分运算正是处理这种问题的好方法。费曼通过他的路径积分计算表明，当把所有可能路径都考虑进去时，算出的概率跟实验值刚好吻合。

这就是路径积分理论对于双缝实验的解释，也就是说，电子最终的落点是由所有可能路径决定的，因此，即使只发射一个电子，它也会落到双缝干涉位置上去。

需要注意的是，电子有无数条可能的路径，但它并不是选择其中的一条，而是无数条的叠加，这是态叠加原理的体现，显然，叠加后它没有明确的运动轨迹，这也是不确定原理的必然结果。

1942 年，费曼完成了博士论文，这篇论文初步提出了路径积分方法，他的导师惠勒对此大为赞叹。因为爱因斯坦也在普林斯顿，所以惠勒将费曼的论文拿去给爱因斯坦看。他对爱因斯坦说："这论文太精彩了，是不是？你现在该相信量子论了吧？"

爱因斯坦看了论文，沉思了一会儿，说："我还是不相信上帝会掷骰子……可也许我现在终于可以说是我错了。"

双缝实验的路径积分解释

平行世界 20

　　根据薛定谔方程演化的量子态，并不会自然地出现波函数坍缩这样的现象，因此，波函数坍缩实际上是独立于量子力学基本框架之外的一个额外假设，这也是它引起争议的主要原因。事实上，波函数坍缩的主要问题出在"突变"上，为了消除这个破绽，科学家们各显神通。第14章所述的退相干理论就为波函数坍缩找到了一个合理的演化过程，从而不需要"突变"，这一理论也得到了普遍的接受。但是，这并不是目前唯一的理论，在退相干理论出现之前，已经出现了一个神秘的理论——多世界理论。

　　1953年，费曼的导师惠勒招收了一个新的博士生休·艾弗雷特（1930—1982），他是从数学系转过来的，而他的本科学位是化学工程，这样，数理化样样不落的艾弗雷特就成了比费曼低十几届的师弟。

　　艾弗雷特从小就喜欢读科幻小说，喜欢琢磨一些古怪的问题。他12岁时曾给爱因斯坦写信，声称自己解决了一个难题 —— 当不可抗拒的力碰到不可移动的物体时会发生什么（这个问题有点类似于最强的矛攻击最强的盾会发生什么）。爱因斯坦觉得这孩子很有趣，竟然给他回信了。爱因斯坦在信中写道，世界上虽然没有什么不可抗拒的力和不可移动的物体，但却有一个固执的小男孩，他故意为自己制造了一个奇怪的难题，然后费力地走上了解决它的道路。

艾弗雷特进入普林斯顿后，他最开始的兴趣在博弈论方面，并且在1953年发表了一篇关于博弈论的论文。1954年秋天，玻尔访问了普林斯顿，玻尔是惠勒在欧洲留学时的导师，所以艾弗雷特有幸和玻尔近距离接触，了解了量子力学的测量难题。通过进一步和周围同学以及玻尔的助手讨论，艾弗雷特觉得波函数坍缩实在令人难以接受，于是，他决定将量子测量作为自己的博士研究课题，另起炉灶。

艾弗雷特

作为一个科幻爱好者，艾弗雷特从小就天马行空的古怪思维发挥作用了，不到半年，他就想到了一个好点子，这是一个前所未有的新思想 —— 他很干脆地直接否定了波函数坍缩，提出宇宙诞生之初就产生了宇宙波函数，而且宇宙波函数会持续演化下去，根本不会发生波函数坍缩，只会发生不断的分裂，变成越来越复杂的叠加态。

当艾弗雷特第一时间把自己的想法告诉惠勒时，惠勒大吃一惊，他非常反对艾弗雷特用"分裂"一词来描述世界的一分为二。但是，他并没有阻止艾弗雷特继续研究下去。惠勒对于教育有特殊的理解。"大学里为什么要有学生?"惠勒说，"那是因为老师有不懂的东西，需要学生来帮助解答。"所以他并不过多干涉学生的研究自由。

1957年，艾弗雷特终于完成了博士论文，他把自己的理论叫做"普适波函数理论"。他的理论是，所有孤立系统的演化都遵循薛定谔方程，但波函数坍缩从不发生。整个宇宙的波函数是由一系列平行世界波函数叠加而成，这些平行世界各自独立演化互不干扰（图20-1）。因此，后来人们把他的理论改称为"多世界理论"。

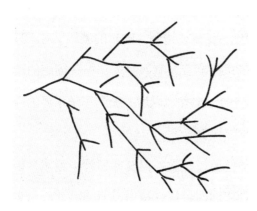

图20-1 平行世界分裂示意图

按照艾弗雷特的理论，自然界不再有量子和经典的区分，宇宙中的所有物体无论大小都由波函数描述，所有物体都处于叠加态。在他看来，被测系统、测量仪器和观察者都有自己的波函数，也都存在各种状态，于是这三者构成的整体也就存在各种叠加态，这些叠加态中每个状态都包含一个确定的观察者态、一个具有确定读数的测量仪器态，以及一个确定的被测系统态，因此，在每一个状态中的观察者都会看到一个确定的测量结果，这样，在这个状态中的测量者以为发生了波函数坍缩，其实是因为他们不知道其他平行状态的存在而已。实际上从整体来看，波函数并没有坍缩，它仍然在各种平行状态中发展着。

按照多世界理论，"薛定谔的猫"处于两种世界的叠加态：一种世界里猫是活的，另一种世界里猫是死的。这两种世界一样真实，并行存在，而且这两种世界会独立演化，互不影响。在一种世界里，当观察者打开箱子，他会看到一只活猫；在另一种世界里，当观察者打开箱子，他会看到一只死猫。在两个世界里的观察者都以为波函数发生了坍缩，是因为他们都感觉不到另一个世界的存在。

惠勒虽然觉得艾弗雷特的论文难以理解，但他采取了包容的态度，并把艾弗雷特的论文寄给玻尔审阅，结果，遭到了玻尔的激烈反对。其他科学家的态度也和玻尔差不多，甚至有人嘲讽其为"彻头彻尾的精神分裂症"。不出所料，艾弗雷特的论文发表以后，受到了学术界的冷遇，没几个人对此表示关注。

艾弗雷特毕业后，惠勒邀请他留校任教，但艾弗雷特拒绝了，因为他发现自己并不喜欢搞学术研究。艾弗雷特在美国国防部找了一份工作，从此离开了物理领域，再也没有发表过一篇论文。正像徐志摩一首诗中说的那样："悄悄的我走了，正如我悄悄的来；我挥一挥衣袖，不带走一片云彩。"

令人惊讶的是，到了20世纪70年代，一度备受冷落的多世界理论竟然又复活了，在支持者的宣传下，这一颇具科幻色彩的理论迅速走红，不但获得了大量科幻迷的追捧，连理论物理学家中也有不少人成为这个理论的拥趸，当然，反对者也并不少。

在多世界理论中，宇宙从来不会做选择，它只是按照概率不停地分裂为更多的世界，这样，从中很容易就会推出一个怪论：一个人永远不会死去！在世界的不断分裂中，人总在某个分支世界中活着，这个怪论被美其名曰称为"量子永生"。当然，"薛定谔的猫"也永远会在某一个宇宙分支里活着（图20-2）。

图20-2　量子永生示意图

（https://www.sohu.com/a/312171762_99994982）

"量子永生"使多世界理论看上去似乎很美好，谁不想永远活下去呢。然而，有一个问题却使多世界信奉者苦恼：为什么我们感觉不到平行世界？没有任何人能证明平行世界的存在，那么，它到底是一种数学技巧还是物理实在呢？

笔者认为，波函数并非物理实在，即使宇宙处于多种状态的叠加，也只不过是波函数的叠加，这并不能看作是多个宇宙的实体存在，所以平时世界只是存在于数学里，并不是存在于物理里。反过来，假如多世界是物理实在的话，那么当世界一分为二时，诞生一个新世界的能量从何而来？总之，这并不是一个让人容易接受的理论。有物理学家评价说，多世界的假设很廉价，但宇宙付出的代价却太昂贵。

艾弗雷特有两个孩子，老大是女儿，老二是儿子。艾弗雷特和妻子在子女教育上观念非常一致：孩子们应该不受任何管束，自由成长。结果，他的女儿成了问题女孩，养成了吸毒等恶习，让他追悔莫及。1982年，不满52岁的艾弗雷特死于心脏病突发。1996年，他的女儿自杀了，她在遗书中写道，她希望能在另外一个平行世界里与父亲相会。他的儿子2007年接受BBC采访时表示："父亲不曾跟我说过有关他的理论的片言只语……他只活在自己的平行世界中。"

双缝实验的多世界解释

历史能改变吗 21

　　回顾量子发展史，有一个很有趣的现象，自从爱因斯坦来到美国普林斯顿以后，这里就成了量子力学新思想的发源地。爱因斯坦自己提出了量子纠缠；玻姆提出了新的隐变量理论；费曼提出了路径积分理论；艾弗雷特提出了多世界理论。玻姆可以说是受到了爱因斯坦很深的影响，而另外两人，费曼和艾弗雷特，就不能归功于爱因斯坦了。他们的脱颖而出，要归功于他们的导师 —— 惠勒。

　　费曼和艾弗雷特作为惠勒的得意门生，在公众中的知名度都很高，这说明惠勒是一个优秀的导师，在培养人才方面是首屈一指的。但惠勒本人却没有那么高的知名度。很多人都听说过"黑洞""虫洞"和"量子泡沫"等词汇，但是，很少有人知道，这些词汇都是惠勒发明的，这些词汇原来都有一个佶屈聱牙的专业术语，例如，如果有人提到"引力坍缩星体"和"爱

惠勒

因斯坦－罗森桥"，你还会对此感兴趣吗？而这正是"黑洞"和"虫洞"原来的名字。正是惠勒发明了这些通俗形象的词汇以后，这些词汇才得以走红世界，被大众所熟知，对激发公众的科学热情起到了极大的推动作用。

惠勒一生的研究范围非常广泛，涉及核物理、核武器的设计、广义相对论、相对论天体物理、量子力学、量子引力及量子信息等领域。他曾经在哥本哈根跟随玻尔从事博士后研究，与玻尔一起发展出原子核分裂的"液滴模型"，并用它发展了核裂变理论；他也参加过"曼哈顿计划"，是最早研究原子弹的美国人之一。在他开始研究广义相对论以后，提出了一句广为人知的话来概括广义相对论："物质告诉时空如何弯曲，时空告诉物质如何运动。"这句话简洁形象地表达了广义相对论的核心思想，让普通人也能一下子就明白。

1979年3月14日，普林斯顿大学召开了纪念爱因斯坦诞辰100周年的学术讨论会，在这次会议上，惠勒针对量子测量问题提出了一个惊人的实验构想 —— 延迟选择实验。

延迟选择实验就是说，先不固定实验设置，等快要测得实验结果的时候再决定实验设置。在一般的测量实验中，实验设置都是提前固定好的，这样所有路径的可能性其实已经提前预设好了，但惠勒想"延迟"这些路径的出现。举例来说，做双缝实验，先打开一条狭缝，等电子通过以后再打开另一条狭缝，然后再观察电子在屏幕上的落点。惠勒的问题是，这时候还会出现干涉图样吗？也就是说，惠勒要"延迟"电子的选择，迫使电子在通过狭缝以后再来选择是通过一条狭缝还是通过两条狭缝。

这个想法太疯狂了，立即引起了学术界的兴趣。随后几十年中，他的思想实验变成了现实，物理学家们利用光子成功进行了多种延迟选择实验。其中有一个近乎理想化的延迟选择实验，也被称为量子擦除实验，其实验结果令人震惊。

光学实验中，常用到一个光学器件叫分束器，它能使入射到它上面的光一半透射一半反射（图21-1）。有一种特殊的分束器叫偏振分束器，它可以按光的偏振态分束，使透射光和反射光全部变为偏振光，且两束光的偏振方向相互垂直（图21-2）。

图21-1　分束器

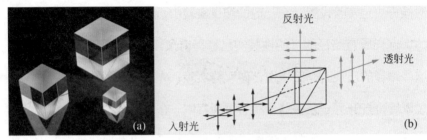

图21-2　偏振分束器和偏振分束器分光原理图

（a）偏振分束器；（b）分光原理

(http://www.shanghaioptics.com/product/29.html)

　　量子擦除实验中，就要用到偏振分束器，而且是发射一个一个的单个光子射向分束器。一束光被分为透射和反射两部分很好理解，但是如果是一个光子射向分束器，它会如何前进呢？如果按照经典想法，我们可能觉得它只能选择透射路径或者反射路径其中之一，但是根据量子力学原理，我们知道，如果你不去测量，它应该处于透射路径和反射路径的叠加态（尽管这很难理解，但实验事实就是如此）。

　　量子擦除实验简化示意图见图21-3，光子经过偏振分束器B1，处于路径1和路径2的叠加态，经反射镜反射后，两条光路在另一个偏振分束器B2处汇聚，由于两条光路偏振信息不同，具有可区分性，所以不会发生干涉，这样探测器D1和D2就可以随机探测到通过路径1和路径2的光子，如图21-4（a）所示。

　　事实上，如果这两条光路不携带偏振信息的话，两条路径的光子就没有可区分性，在B2处交汇以后就会发生干涉。于是，这个实验的重点来了，科学家们在探测器D1和D2前放置了两台消偏器，只要打开消偏器，两条路径的偏振可区分性就会被消除，重新变得不可区分，结果

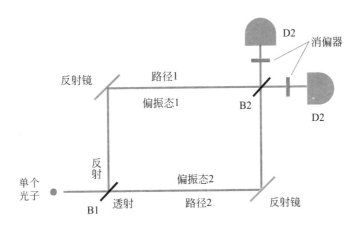

图21-3　量子擦除实验简化示意图

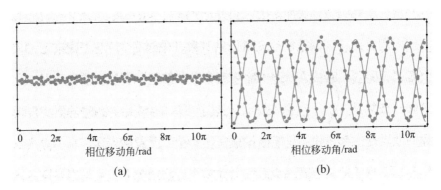

图21-4　实验结果

（a）不干涉；（b）干涉

令人大吃一惊，探测器上出现了干涉图样，如图21-4（b）所示。

要知道，消偏器是在B2的后边，光子如果要干涉只能借助B2来实现，现在它已经过了B2的位置，按我们的日常经验，即使这时候消除偏振，也应该无法干涉了。但是光子居然因为加了个消偏器而继续干涉，这实在是太不可思议了。

我们该如何理解这个实验现象呢？费曼曾经说过："我想我可以相

当有把握地说，没有人能理解量子力学。"不过，如果用他的路径积分理论来分析，似乎可以强行"理解"光子的表现。路径积分理论指出，粒子在某一时刻的运动状态，取决于它过去所有可能的历史。那么，光子通过消偏器以后，它所有可能的历史都发生了变化，最后的测量结果自然就会表现为干涉。正因为如此，路径积分也被称为"历史求和"。但是，如果进一步追问，光子之前走过的路程算不算历史？它是如何被改变的？我们该如何回答呢？我想恐怕现在科学家们还拿不出一个令人满意的答案。

延迟选择实验彻底冲击了人们关于"实在"或"真实"的传统观念，它使人们看到"观察"能改变所谓的"实在的过去"！这彻底改变了人们对"历史"的看法，所谓"客观实在性"在这一实验面前被动摇。这时候，玻尔常说的一句话似乎让人有了更深的体会："物理学不能告诉我们世界是什么，我们只能说，观察到的这个世界是什么。"

惠勒晚年一直在思考这些"本源"问题。他说："我无法阻止自己去思考'存在'之谜，从我们称之为'科学'的理论推演与实验，到这个最宏大的哲学命题，链条一环扣一环，在探索整个链条的道路上，并不存在特殊的一环，能叫一个真正有好奇心的物理学家说，'我就到这儿了，不往前走了。'"

第七篇

量子·幕后英雄

22 洞悉固体

量子力学的建立，从根本上改变了人们对物质结构的认识，使许多物理现象得到了明确的解释。从此，量子力学开始在现代高科技领域发挥重要作用，例如，通过固体物理的量子理论，人们明白了半导体的原理，而对半导体的研究又导致了晶体管和芯片的发明，从而为现代电子信息工业的发展奠定了基础。又例如，人们在量子力学的帮助下解释了物质磁性的来源，从而发展出了磁存储技术，于是发明了电脑的机械硬盘。再如，激光器也是根据光的量子辐射理论而发明的。

上面这些例子中，我们很少有人意识到这是量子技术，因为量子力学只是这些器件的幕后英雄，这些技术实现的功能里并没有体现出量子特征，这些器件遵从经典物理的运行规律，属于源于量子力学的经典技术。

　　固体物理是现代高技术科学（如半导体电子学、激光物理、材料科学等）的重要基础，如果没有固体物理的理论指导，人类可能很难步入现代这样一个由大规模集成电路主导的信息社会，而现代固体理论的发展完全得益于量子力学的应用。

　　爱因斯坦是将量子理论引入固体物理中的第一人。1907年，爱因斯坦利用能量量子化解释了固体比热问题。人们早就发现，固体的比热会随着温度的降低而大幅度减小，但用经典物理却完全无法解释这个现象。爱因斯坦意识到，固体中原子振动的能量也是一份一份的，是量子化的，从而很好地解释了这个问题。

　　固体量子理论的研究对象主要是晶体，因为晶体内部原子排列有序，规律性强。根据周期性排列的最小单元，可以将晶体看作是一系列相同晶格的重叠堆积，如图22-1所示。

　　晶体里的原子并不是静止不动的，它们不停地在各自的平衡位置附近做微小的振动，由于晶体中原子间有着很强的相互作用，因此，一个原子的振动会牵连着相邻原子随之振动。如果把原子比作小球的话，整个晶体犹如许多小球在三维空间中规则排列，而小球之间又彼此被弹簧连接起来一样（图22-2），因此，每个原子的振动都要牵动周围原子振

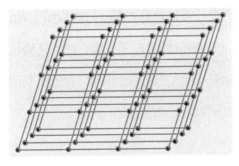

图22-1　晶体由晶格并置堆积而成

（图中的平行六面体就是晶格）

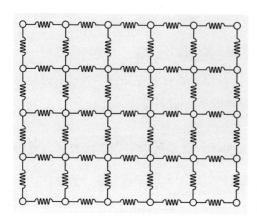

图22-2 晶体中原子与原子之间就像用弹簧连着一样

动，使振动以弹性波的形式在晶体进行中传播，这种波被称为晶格振动波，简称"格波"。

爱因斯坦假定，原子振动可以看作是一种简谐振动，所有原子都具有相同的振动频率。

经典的简谐振动我们很熟悉，把一个小球系在弹簧上，把它拉开平衡位置以后松手，小球来回往复运动，这时候，按经典力学，体系的能量 $E = \frac{1}{2}kA^2$（k 为弹性系数，A 为振幅），如果把不同振幅下的能量画成曲线，为一条抛物线，随振幅不同，能量可以从 0 开始连续变化，如图22-3（a）所示。

但是，在原子的简谐振动中，振动能量却是量子化的，图22-3（b）给出了一个振动的原子的能级分布图。可以看到，能量只能取图中 E_0、E_1、E_2、E_3 等一系列分离的能级，而且最低能级 E_0 不为零。图中还给出了每个能级对应的波函数平方的图像，显示了原子在不同位置上出现的概率密度，可见其运动特征和经典的弹簧振子是完全不同的。

格波是晶体中全体原子都参与的集体振动，既然单个原子的振动能

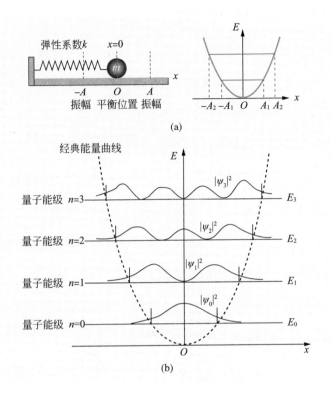

图22-3　经典和量子简谐振动的对比

（a）弹簧谐振子及其能量曲线；（b）量子谐振子的能级和概率密度分布图

量是量子化的，那么格波的能量自然也是量子化的。

　　1930年，苏联物理学家塔姆（1895 — 1971）在研究格波时，突然想到了波粒二象性。他想，既然像电子这些原本只能用粒子来描述的东西也能用波描述，那么原本只能用波描述的东西是不是也可以用粒子来描述呢？于是，他就设想把格波的最小能量单位与一种假想的粒子对应起来，称之为"声量子"，后来人们改称为"声子"。

　　声子是将波动量子化的粒子，它并不是像光子和电子那样是"真实"的粒子，而是一种人为假设的准粒子。但是声子却似乎具有"真实"的量子粒子的一些属性，将晶格振动看作是声子的运动，可以很好地解释固体物理中的很多现象。例如，格波间的相互作用可以看作是声子间的碰撞。再例如，当研究电子与晶格的相互作用时，若电子从晶格获得能量，可看作是吸收声子；若电子给予晶格能量，可看作是发射声子，这样处理问题就方便多了。再如，可以把固体看作是包含有"声子气体"的容器，从而可将气体分子运动论和量子统计力学的处理方法用于处理固体问题。另外，声子在超导现象的解释中也扮演了关键角色。

总之，声子这个概念出现以后，极大地推动了固体物理的发展，它现在已经成为固体物理学的基本概念。

从爱因斯坦提出光波具有波粒二象性，到德布罗意提出实物粒子具有波粒二象性，再到塔姆提出格波具有波粒二象性，波和粒子似乎总是相伴相生。回顾这段历史，也许能让我们对波粒二象性的物理内涵有更深刻的认识。

用量子理论来研究固体的另一条主线是能带理论的发展。1926年，薛定谔提出薛定谔方程以后，化学家们立刻开始用它来计算分子中电子的运动并在几年之内就发展出了一系列化学键理论。20世纪30年代，科学家们开始用薛定谔方程计算晶体中电子的运动，固体的能带理论随之建立起来。

固体是由大量微观粒子组成的复杂体系，原子数达到10^{23}的数量级，电子数目更是庞大，而科学家们就是要通过如此庞大体系的微观粒子的运动规律阐明固体的宏观物理性质。这个体系是非常复杂的，大量电子之间会相互影响、相互作用，但是其基本特点不会变，那就是每个电子都在一个具有晶格周期性的势能场中运动。于是，通过一系列简化与近似，薛定谔方程就可以近似求解了。

读者还记得，求解单个原子的薛定谔方程得到的是一系列分离的能级，而晶体中得到的则是一系列分离的能带，这些能带是由大量原子能级叠加组合而成的，由于能级间隔非常小而可以看作是连续的能带（图22-4）。这些能带与整个晶体而不是单个原子联系在一起，于是，如果一个能带没有被电子全部占满，电子就可以在电压作用下在整个晶格中到处移动，这个晶体就能导电。如图22-4所示，金属的最高能带没有被电子占满，所以它们是良导体。半导体和绝缘体的能带都是要么被电子占满（满带），要么没有电子（空带），所以没法导电，但半导体的满带和空带之间的能带间隔较窄，所以电子可在热或光的激发下从满带跃入空带，使原来的满带和空带都成为不满的能带而导电（图22-5）。

人们发现，在纯的半导体材料（本征半导体）中掺入某些杂质，可

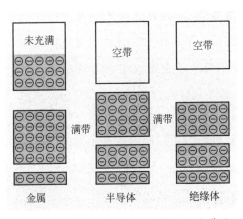

图22-4　金属、半导体和绝缘体的能带结构特征

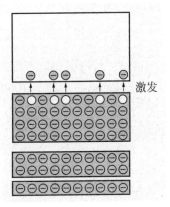

图22-5　半导体导电机理

扩展阅读

半导体的满带和空带之间的能带间隔较窄，电子可在热或光的激发下从满带跃入空带，使原来的空带出现少量自由电子而导电，使原来的满带出现同等数量的空穴而导电。

当满带上的部分电子被激发到空带后，留下了空穴。如果施加电压，在外电场作用下，空穴附近的电子能够移动到这个空穴中，从而在原位置留下一个新的空穴，整个近满带中大量电子的缓慢移动，就像空穴在反方向缓慢移动一样。因此，可以将空穴假想成一种带正电的粒子（只是一种准粒子），这样，近满带的导电问题就转化为少量空穴的移动导电，与导带中少量自由电子的导电问题十分相似，研究起来更为方便。

电子和空穴都能导电，为了区分方便，将它们称为 N 型和 P 型载流子（N 和 P 分别代表英文单词 Negative 和 Positive 的首字母）。在半导体中掺入富电子或缺电子的杂质，会在能带间隙中引入额外的能级，导致 N 型和 P 型载流子数目的改变，从而形成"N 型半导体"或"P 型半导体"。额外能级的引入，相当于缩小了能带间隙，因此只要有少量杂质掺入，就会明显地提高半导体的电导率。例如，10 万个硅原子中掺入 1 个杂质原子就能使硅的电导率增加 1000 倍左右。

以极大地提高其导电能力，利用这种特性可以制成掺杂半导体，并由此制成了二极管、三极管等重要的半导体器件。

能带理论让人们搞清楚了半导体的导电机理，带动相关研究快速发展起来。随着对半导体特性研究的深入，1947 年，半导体材料迎来了一个重大发明 —— 晶体管。晶体管既可以用来做电信号的放大，也可以用作电压控制的开关，由这些开关组成的逻辑电路网络可以控制电子设备或处理计算机中的信息，由此启动了电子器件小型化的进程。发展到今天，一块小小的芯片上可以集成上百亿个晶体管，如此超大规模的集成电路，使人类社会进入了信息时代的黄金时期。在我们享用便捷的手机、电脑和各种家用电器时，不要忘了，这正是量子理论带给我们的快乐。

23 隧穿

美籍俄裔科学家乔治·伽莫夫（1904 — 1968）因为提出宇宙大爆炸理论而为人们所熟知，他写的科普作品《从一到无穷大》直到现在都是畅销书，但很多人不知道，他是世界上第一个发现神奇的"量子隧道效应"的人。

伽莫夫

伽莫夫毕业于列宁格勒大学，1928年夏天，他获得了一份奖学金，到德国哥廷根大学访学3个月。当时的哥廷根正是量子力学的发源地之一，来哥廷根后，伽莫夫很快就熟悉了刚刚建立的量子力学。有一天，他在图书馆读到一篇卢瑟福写的有关原子核α衰变（某些放射性元素的原子核释放出α粒子的现象，α粒子是氦原子核）的文章，他立刻意识到卢瑟福试图用经典理论来解释α衰变的思路是完全行不通的，不可能得出合理的解释，对于这种微观粒子，必须用量子力学来处理。他立刻投入计算，没几天就写成了一篇论文，对α衰变做了全新的量子力学分析。在此文中，他发现了量子隧道效应。

伽莫夫发现，根据量子力学的规律，即使微观粒子的能量并不足以越过能量势垒，也会有一定的概率穿过势垒，而且粒子穿越势垒的概率可以通过薛定谔方程精确计算出来。例如，对于铀-238原子核，它放出的α粒子的能量只有4.2 MeV，但是它有一定概率穿越能量高达35 MeV的库仑势垒从原子核里逃逸出来，这在经典物理里是绝对不可能的，就像一个人只能跳4.2 m却跳过了35 m高的墙一样，实在是太匪夷所思了。

下面我们通过一维方势垒粒子的运动来简单介绍一下量子隧道效应。

假设一个质量为m、能量为E的粒子，沿x轴在一维方向上运动，它受到如图23-1所示的高势能区域的阻挡（图中纵坐标表示势能，由于这个图像一堵墙，所以被称为势垒），势垒区域（$0\sim l$范围）的势能是V_0，其他区域势能为零。假设粒子从x轴左侧入射且$E<V_0$，那么按照经

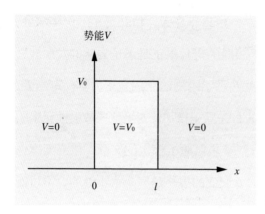

图 23-1　一维方势垒

典力学，它只能在 $x<0$ 的区域内运动，绝无可能出现在 $x>l$ 的区域，因为它的能量小于 V_0，所以不可能穿过势垒，就像一颗塑料子弹不可能打穿钢板一样。

但是，把这个粒子的薛定谔方程写出来并且求解以后，结果却令人大吃一惊。图 23-2 给出了波函数 $\psi(x)$ 的图像。可以看到，粒子从 x 轴左侧入射，但它的波函数出现在了 $x>l$ 的区域，表明粒子有穿透势垒的概率，这与经典力学是完全不同的。另外，波函数在势垒内部（ $0\sim l$ 范围）是呈指数衰减的，这就意味着如果势垒宽度 l 变厚，粒子穿透的概率就会迅速下降。此外，粒子质量越小、粒子与势垒的能量差越小，粒子穿透势垒的概率就越大。显然，对于宏观物体，由于它的质量太大，所以

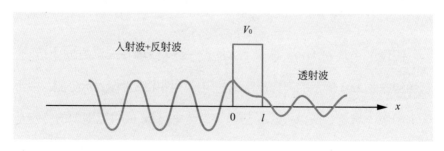

图 23-2　一维方势垒粒子的波函数图像

它穿透势垒的概率接近于零，量子力学与经典力学的结论趋于一致。

这样，我们就能得出结论：如果微观粒子遇到一个能量势垒，即使粒子的能量小于势垒高度，它也有一定的概率穿越势垒，因为它就像是从隧道中钻出来的，所以被形象地称作隧道效应。隧道效应是一种很常见的量子效应，崂山道士的故事在量子世界里是很平常的，一点儿都不稀奇。

3个月的访学时间一晃就到了，伽莫夫不得不踏上归途。不过他没有直接回苏联，而是绕道丹麦去哥本哈根拜见玻尔。他把自己写好的用隧道效应解释α衰变的论文拿给玻尔看，立即引起玻尔极大的兴趣。玻尔当即决定，把伽莫夫留在哥本哈根工作一年，并给了他一年的奖学金。一年之后，玻尔又介绍伽莫夫去卢瑟福的卡文迪什实验室工作。

当时，卢瑟福手下的沃尔顿和柯克罗夫特正在进行人工加速质子轰击原子核的研究。为了获得高能质子，需要通过超高电压使质子加速。他们研制了一种电压倍增电路，最高可以产生50万V的电压，但是，这已经是他们的极限了，电压再也无法升高。令他们绝望的是，根据当时的理论计算，要想使质子射入被轰击的原子核内，至少要400万V的高压，差距太大，他们已经准备放弃了。

这时候，恰好伽莫夫来了，他了解到两人的困境以后，立刻想到了隧道效应。经过几天的计算，他自信满满地告诉两人，按照隧道效应，50万V加速的质子就够用了，完全可以完成他们的实验。

两人半信半疑，不敢相信，因为从来没有听说过隧道效应，这只是伽莫夫个人提出的理论，而且看来还那么离奇。

最终，还是卢瑟福拍板，相信伽莫夫，他给沃尔顿和柯克罗夫特拨款1000英镑，让他们建造加速器，验证伽莫夫的理论设想。1000英镑在那时候并不是一笔小数目，大约相当于现在的10万美元，可见卢瑟福的魄力。1931年，伽莫夫护照到期了，只好离开卡文迪什回到苏联。1932年，沃尔顿和柯克罗夫特终于造出了质子加速器，加速器的放电管里每秒钟可以产生500万亿个质子，质子从放电管的顶部产生后，被50万V的高压加速，轰击放在放电管底部的靶子。一切如伽莫夫所料，有部分质子利用"隧道效应"穿过了原子核表面的"屏障"，进入原子核内部并引起核裂变反应。沃尔顿和柯克罗夫特的实验顺利完成，他们还验证了伽莫夫关于入射质子进入核内的概率的估算，量子隧道效应得到了有力的实验证明，从此，隧道效应被人们正式承认。1951年，沃尔顿和柯克罗夫特因上述实验获得了诺贝尔物理学奖。

隧道效应被证实以后，人们终于揭开了太阳发光之谜。我们知道，太阳发光是利用了核聚变反应。核聚变就是轻原子核聚合成稍重一点的原子核（如氢原子核聚变成氦原子核）。但是聚变反应并不是那么容易发生的，两个原子核靠近时，库仑斥力非常巨大，为了使原子核克服库仑斥力相互碰撞，需要极高的温度使原子电离并使原子核剧烈运动，以增加碰撞的概率。但是，人们发现，太阳内部的温度并没有想象的那么高，还不足以使氢原子核获得足够的动能来抵抗库仑斥力发生聚变。对此经典物理是没法解释的，所以太阳内部如何进行核聚变一直是一个谜团。而隧道效应被发现以后，则完美地解释了这一现象。库仑斥力的作用相当于一个高势垒，氢原子核即使没有足够的动能，也有穿过势垒发生聚变的概率。尽管穿越势垒的概率很低，但是太阳里的原子数量庞大，"少量"穿越势垒的粒子，已经足以使太阳发出万丈光芒。

现在，隧道效应已经成为许多物理器件的核心，如隧道二极管、约瑟夫森结、扫描隧道显微镜等。扫描隧道显微镜放大倍数可达上亿倍，分辨率达0.01 nm，它使人类第一次真实地"看见"了单个原子，是20世纪80年代世界重大科技成就之一。

24 量子之眼

　　人类认识自然的主要信息来自于眼睛，但是，人类眼睛的分辨距离只有0.1 mm，小于0.1 mm的物体，人眼就看不清了。随着科学发展的需要，为了能够看到物质结构更小的细节，科学家们发明了显微镜。

　　1665年，英国的罗伯特·胡克发明了第一台光学显微镜。他用自己研制的光学显微镜观察了软木薄片，看到了木栓组织，发现它们由许多规则的小室组成，他把观察到的图像画了下来，并把小室命名为细胞，沿用至今。显微镜的发明，使人类对微观世界的认识前进了一大步。借助显微镜，人眼看到了细胞、细菌，随着对这些领域的研究，出现了细胞学和微生物学等重要学科。

　　1873年，德国的亥姆霍兹从理论上证明了显微镜的分辨距离与照射光的波长成正比。光学显微镜所用的光源是可见光，其波长最小是400 nm，所以光学显微镜的极限分辨距离是几百纳米，相当于放大倍率最高能达到几千倍。

在德布罗意之前，因为理论限制，人类并不奢望能获得放大倍数更大的显微镜，但是，当德布罗意提出实物粒子具有波粒二象性以后，人们很快就意识到，既然电子也具有波动性，如果用电子束来代替光波制作显微镜，其分辨率就能大大提高，因为电子束的波长远远小于可见光，比如受40 kV高压加速的电子，其波长仅为0.006 nm，比可见光小5个数量级。

1926年，德国物理学家布希发现轴对称分布的电磁场具有使电子束偏转、聚焦的作用，与光线通过玻璃透镜的聚焦原理一致，这就意味着用电子束作"光源"，用电磁场作透镜，理论上是可以制造显微镜的。

1932年，德国科学家恩斯特·鲁斯卡（1906 — 1988）成功制造了世界上第一台电子显微镜。1933年，鲁斯卡研制成功了由多级成像磁透镜、聚光镜、试样室、高真空镜筒组成的透射电子显微镜（简称透射电镜），成为当今全世界都广泛使用的电子显微镜的先导。鲁斯卡根据量子理论进行了计算，考虑到各种技术上的困难，他预测未来的电子显微镜分辨距离应能达到0.22 nm。

事实上，鲁斯卡还是保守了。现代透射电镜分辨距离可达0.1 nm，已经达到了原子级别，放大150万倍。透射电镜的发展，有力地推动了物理、化学、材料科学、分子生物学、医学等领域的发展，成为人类探索微观物质世界必不可少的技术（图24-1）。

在显微技术的发展历史上，如果说光学显微镜是第一个里程碑，那么透射电镜就是第二个里程碑，而第三个里程碑则是扫描隧道显微镜的

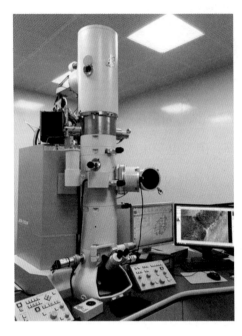

图24-1　透射电子显微镜
(http://www.sim.ac.cn/kybm2016/
xxgnclgjzdsys2016/kytp2016/202001/
t20200106_5483125.html)

发明。扫描隧道显微镜的放大倍数可高达一亿倍，分辨距离达0.01 nm，使人类第一次"看见"了单个原子，是世界重大科技成就之一。扫描隧道显微镜的原理和前两种显微镜完全不同，打个比方来说，如果前两种显微镜是用眼睛看物体表面的话，那么扫描隧道显微镜就是用手在摸物体表面，从而感知表面的凸凹不平。

随着对量子隧道效应研究的深入，人们发现，当两个金属表面非常接近时，施加很小的外加电压（0.002～2 V），电子就会穿过表面空间势垒（两金属间的绝缘层）形成隧道电流。隧道电流有一个奇特的性质：在一定电压下，隧道电流随间距增加而急剧减少，呈指数变化关系。这一变化非常敏锐，距离的变化即使只有一个原子直径，也会引起隧道电流变化1000倍。

人们意识到可以利用这一现象来构建物体表面的微观形貌，其实就相当于是显微镜。但是这需要一个只有几个原子直径大小的探针，而且对探针的控制精度要求极高，与被测物体的距离需要小到1 nm左右，这在技术上是极为困难的。

20世纪70年代，曾有科学家尝试制作这样的显微镜，但是最终失败了。但是到了1981年，终于由IBM苏黎世实验室的格尔德·宾宁和海因里希·罗雷尔制造成功。因为这种显微镜是利用量子隧道效应在物体表面来回扫描，所以被称为扫描隧道显微镜。

扫描隧道显微镜以一个非常尖锐的金属（如钨）探针（针尖顶端只有几个原子大小）为一电极，被测样品为另一电极，在它们之间加上0.002~2 V的电压。当探针针尖在被测样品表面上方做平面扫描时，即使表面仅有原子尺度的起伏，也会导致隧道电流非常显著的变化。这样就可以通过测量电流的变化来反映表面上原子尺度的起伏，从而得到样品表面形貌，如图24-2（a）所示。

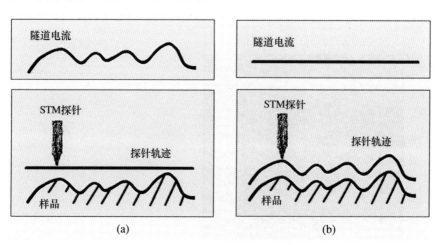

图24-2　扫描隧道显微镜成像原理

（a）探针高度恒定模式；（b）隧道电流恒定模式

还有一种测量方法，通过电子反馈电路控制隧道电流在扫描过程中保持恒定。那么为了维持恒定的隧道电流，针尖将随表面的起伏而上下移动，于是记录针尖上下运动的轨迹即可给出表面形貌，如图24-2（b）所示。

硅片是制造半导体集成电路的主要材料，制造集成电路用的硅片表面必须是高度平整光洁的，所以需要将单晶硅棒切割成一片一片薄薄的硅单晶圆片（简称晶圆）。如果把一块单晶硅切开，最表面的那层原子周围的化学键必然被切断，表面原子就会重新构建化学键，这就是所谓的"表面重构"。沿（111）晶面方向切开的硅的表面出现的重构被称作7×7结构。自1959年发现该结构以来，其原子如何排列一直困扰着人们，也成为热门课题。1983年，宾宁和罗雷尔利用他们发明的扫描隧道显微镜第一次直接观察到这种7×7结构（图24-3），终结了学术上多年的争论，引起了极大的轰动，这是人类第一次亲眼看见原子的真面目。

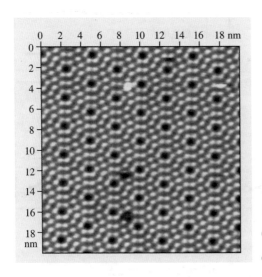

图24-3　Si(111)表面7×7结构图像
(https://www.yiqi.com/product/
detail_386152.html)

图 24-4 48个铁原子形成的量子围栏

　　扫描隧道显微镜不但可以用来观察材料表面的原子排列，而且还能用来移动原子。可以用它的针尖吸住一个孤立原子，然后把它放到另一个位置。图24-4是IBM公司的科学家精心制作的"量子围栏"。他们在极低的温度下用扫描隧道显微镜的针尖把48个铁原子一个个地排列到一块精制的铜表面上，围成一个围栏，把铜表面的电子圈了起来。图中圈内的圆形波纹就是这些电子的概率波图景，电子出现概率大的地方波峰就高，它的大小及图形和量子力学的预言符合得非常好。

　　1986年，鲁斯卡、宾尼和罗雷尔3人共同获得了当年的诺贝尔物理学奖。无论是透射电子显微镜，还是扫描隧道显微镜，都是量子物理带给人类最好的礼物。

第八篇
量子·前沿技术

25 量子计算之算法

20世纪80年代开始，量子技术有了进一步的发展。量子力学从幕后走到了台前，诞生了量子信息技术，如量子计算机、量子密钥传输、量子隐形传态等。这些技术遵从量子力学的运行规律，实现的功能也反映了量子的特性，从而开辟了信息技术的发展新方向。一旦这些技术获得广泛应用，人类社会将再次发生翻天覆地的变化。

2021年，两条重大科技新闻登上了各大媒体的头条，我国研制的光量子计算机"九章二号"（图25-1）处理"高斯玻色取样"问题的速度，比全球最快的超级计算机快上亿亿亿倍；研制的超导量子计算机"祖冲之二号"（图25-2）对"量子随机线路取样"问题的处理速度，比全球最快的超级计算机快1000万倍以上。"九章二号"和"祖冲之二号"的成功，使我国成为唯一在两条技术路线上实现"量子优越性"的

图 25-1 "九章二号"

(https://m.thepaper.cn/newsDetail_forward_15074917)

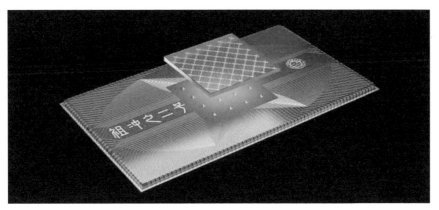

图 25-2 "祖冲之二号"

(https://www.sohu.com/a/497277817_121119256)

国家。

　　量子计算机为什么有这么大的算力？它和我们的经典计算机到底有

什么不同呢？最大的不同，就在于它利用了量子力学的两大特性——

叠加与纠缠来实现运算。而与此同时，另外两种量子特性——退相干

与测量则成为它的软肋。

人类进入信息时代，以半导体芯片为核心的经典计算机居功至伟。芯片制造简单来说就分为两个大步骤：第1步是在单晶硅上制造几十亿个晶体管，第2步是用导线把这些晶体管按设计好的电路连接起来。晶体管越小、导线的宽度（线宽）越小，芯片集成度越高。28 nm、14 nm、7 nm、5 nm等制程工艺就可以代表导线的线宽，也能代表晶体管的尺寸。早在20世纪60年代，英特尔创始人之一戈登·摩尔就预测同样大小的集成电路上可容纳的晶体管数目每隔18个月便会增加1倍。这样的"神预言"竟然和后来集成电路的发展速度基本吻合，于是就被上升到了定律的高度，称为摩尔定律。

目前，芯片制造工艺已经进入7 nm、5 nm，甚至3 nm阶段，更小尺寸的技术也在研发。但是原子的直径大概在0.2~0.4 nm，也就是说，1 nm相当于3~5个原子排列在一起，如果线宽进一步下降到小于1 nm级别，量子隧道效应将不可避免地影响电子元器件的正常工作。尽管研究人员正在努力通过各种手段进一步延续晶体管的制程尺寸，但是已无法阻止"摩尔定律"必将被打破的历史趋势。因此，研制以量子力学为基础的量子计算机已经是势在必行。

早在1981年，费曼就在一次演讲中指出，用经典计算机来模拟量子系统的演化存在本质上的困难，其天文数字的计算量是经典计算机无法承受之重。所以他建议用量子体系去模拟量子体系。也就是说，可以构造一个量子体系，其演化的方式跟要模拟的体系在数学上是等价的，然后测量这个量子体系的演化结果，由于结果是概率性的，每测量一次相当于取一次样，多次取样以后我们就知道了这个概率分布。这实际上就是一种量子计算机的模型，事实上，现在有些类型的量子计算机执行的任务叫做某某取样，其思路就来自于此，如上文提到的"高斯玻色取样"和"量子随机线路取样"。

费曼提出量子计算机时，只是希望量子计算机能够帮助科学家解决一些量子力学里的特定问题，并没有指望它能解决经典问题。但是到了1994年，量子计算机出现了一个里程碑式的突破，美国物理学家彼得·肖尔（Shor）发现了一种量子算法——分解质因数算法。肖尔的算法向人们展示，相对于经典计算机，量子计算机可以大幅度提高分解质因数的速度，这立即引起了轰动。人们终于发现，除了量子力学问题，量子计算机还能更快速地解决某些经典的数学问题，极具应用前景，从此掀起了量子计算机的研究热潮。

分解质因数是我们在小学就学过的数学问题，例如，21可以分解成3×7，看起来很简单，但是，如果让你分解291 311，你还能回答出来吗？所以说，这个看似简单的问题其实是一个很难的问题：将两个大质数相乘十分容易，但是想要对其乘积进行因式分解却极其困难。对于那种由两个很大的质数相乘得到的数，经典计算机需要花费大量时间才能把它的质因数找出来。对于经典计算机，如果计算机一秒能做1012次运算，那么分解一个300位的数字需要15万年，分解一个5000位的数字需要50亿年！

因为质因数如此难以分解，所以在保密领域大有用处。现在广泛应用的一种密码协议叫RSA密码协议，就是采用这种手段加密。这个密码协议中，两个质数的乘积是公开的，但这两个质数是保密的，破译者必须将这个乘积分解为两个质因数才能破译密码。例如，现在RSA密码协议中需要破译的整数用二进制表示有2048位，为了破解这个密码，量子算法大约需要1.6×10^8步，而经典算法则需要大约6.75×10^{51}步。假设量子计算机和经典计算机每秒都能算10^9步，那么量子计算机不到1 s就能破解密码，而经典计算机则大约需要2×10^{35}年，这简直是降维打击！

但是，读者不要高兴得太早，我们上述假设的基础是量子计算机每秒能算10^9步，而目前量子计算机的硬件研发还处于初级阶段，还没法实现这样的计算能力。目前，公开报道的最佳性能，是我国科学家于2017年用量子计算机成功分解291 311这个数字（291 311 = 523 × 557），291 311换算成二进制，是一个19位数，对于经典计算机，分解这个数字也是轻而易举的事情。

那么，量子计算机为什么这么难造？它到底是怎么制造的呢？

现代计算机都是采用二进制的"比特"（也叫"位"，用"0"或"1"表示）作为信息单位，工作时将所有数据排列为一个比特序列，进而实现各种运算。对于经典计算机而言，通过控制晶体管电压的高低电平，就可以决定一个比特到底是"1"还是"0"，高电平代表"1"，低电平代表"0"。为了避免各种干扰的影响，高低电平并不是一个固定的值，而是一个变化范围，只要在这个范围之内，就可以区分开这两种状态，所以比较容易控制（图25-3）。

而量子计算机使用的是量子比特，能秒杀传统计算机得益于两个独特的量子效应 —— 量子叠加和量子纠缠。量子比特最大的特点，是

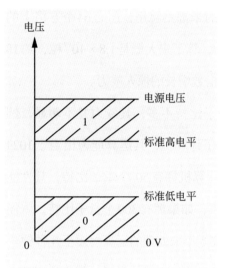

图 25-3　经典比特高低电平的确定

它可以处于"0"和"1"的叠加态,即一个量子比特可以同时具有"0"和"1"两种状态。显然,如果有 n 个量子比特,它们纠缠在一起,就能创造出一种超级叠加,这时它们的组合就有 2^n 个状态。对这样的状态进行一次操作,就相当于对 n 个经典比特进行了 2^n 次操作。也就是说,n 个量子比特的计算能力是 n 个经典比特的 2^n 倍。由此可见,量子计算机的计算能力可随着量子比特位数的增加呈指数增长,这是一个惊人的增长速度,这一特性让量子计算机拥有超强的计算能力。

如果读者听过一个小故事,就会对指数增长有更深刻的认识。说有一个农民与国王下国际象棋,国王说你如果赢了奖赏随便要,农民说:"我只要在棋盘的第一格放一粒米,第二格放二粒,第三格放四粒,第四格放八粒 …… 每次都翻一倍,放满这棋盘的 64 个格子就行了。"国王一听,哈哈大笑,心想农民真是没见过世面,米如果一粒一粒数,装几麻袋顶天了,就答应下来。可是,当国王输了以后,让人把米扛来,才发现这一次可输大了，整个国家的米都不够用！所有64个方格上的米粒总数为：$1 + 2 + 4 + 8 + \cdots + 2^{63}$，算下来大概是$1.8 \times 10^{19}$粒，约18亿t，这国王如何赏得起？由此可见指数增长的惊人威力。

所以说，如果量子计算机的量子比特不多，其威力并不明显，例如，一台由10个量子比特组成的量子计算机，其运算能力相当于1024位的传统计算机。但是，如果量子计算机拥有50个量子比特，其性能就能超过世界上绝大多数超级计算机，如果拥有300个量子比特，就能将世界上最先进的超级计算机需要数万年来处理的运算缩短至几秒钟。

但是，成也萧何，败也萧何。量子叠加可以使量子计算机执行惊人的运算速度，但麻烦的是，由于运算过程处于叠加态，所以运算结束后也是叠加态，要想得到运算结果，必须进行测量，可是测量结果只有一个，也就是说，本来有2^n个数据，你一测量，就剩一个了，其他全没了。为了得到其他数据，你不得不重复所有的计算。很显然，为了得到所有的结果，重复计算的次数不会比所需结果的数目少，这样看来，量子计算并不会比经典计算更节省时间。也就是说，简单应用态叠加原理并不会使量子计算机获得计算优越性。

那么，如何才能利用量子计算的巨大潜力呢？很简单，如果对于某些计算问题，不需要获得所有的计算结果即可解决问题，那不就行了吗？行是行，但是，这就需要进行非常巧妙的算法设计。目前，只有少数问题人们获得了高效的量子算法，而对于绝大多数问题，如简单的加减乘除，还没有相关算法。

如肖尔提出的分解质因数算法，肖尔发现，在计算结果中存在某种周期性规律，这样，我们就不需要获得所有结果，只要找到这个周期性规律就能间接实现质因数分解。在肖尔算法中，通过对输入的量子态进行傅立叶变换操作是算法的核心，这是一种非测量性的变换操作，能将所寻找的周期值转移到单个测量结果中，这是减少测量操作的关键。由于傅立叶变换本身的操作比测量出全部计算结果的操作能节省大量时间，所以这种方法比经典计算能实现指数级加速。

1996年，美国科学家格罗弗（Grover）发现了另一种很有用的量子算法 —— 量子搜索算法。它可以在一个海量的无序的数据库中寻找某些符合特定条件的元素。这个算法虽然达不到指数加速，但是可以把搜索问题从经典的N步缩小到$\sqrt{N}$步，从而显示出量子搜索的优越性。这个算法的特点是，利用不同状态间的相干性，设计出合理的量子算法，使得通往正确状态的概率能够迅速叠加增长，经过若干次重复运行后正确状态的概率就能趋近于1。此时进行测量，结果即为正确结果。例如，电话本以号码排序，共有个100万个号码，要从中找出某人的电话号码。经典方法是一个个找，平均要找50万次，才能以50%的概率找到所要的电话号码。而量子算法每查询一次就可以同时检查所有的100万个号码，由于量子比特处于纠缠态，量子干涉效应会使前次的结果影响到下一次的量子操作，这种干涉生成的操作运算重复1000次后（即$\sqrt{1\,000\,000}$），获得正确答案的概率为50%，如果再多重复操作几次，则可以以接近于1的概率找到所需的电话号码。

2008年，量子算法又取得突破。麻省理工的3位科学家开发了一种求解线性方程组的量子算法，被称为HHL算法。这种算法并不能全方位代替经典的求解线性方程组的算法，只有当求出的线性方程组的解不需要读出（这就省去了测量的麻烦），而只是作为其他算法的输入值的时候，HHL算法才有可能提供计算加速。这一算法在量子机器学习中有很好的应用前景。

现在，人们已经开发出几十种量子算法。随着量子算法的研发，量子计算机的硬件研发也迅速跟进，关于量子逻辑门、量子电路等许多设计方案不断涌现，使得量子计算的理论和实验研究蓬勃发展。

量子计算之硬件 26

有了量子算法以后，人们需要做的，就是如何造出一台量子计算机。一个量子计算机的工作原理分成四步：(1)构建可以表示量子比特的物理体系；(2)把所有量子比特初始化为一个给定的量子态；(3)对这些量子比特进行一系列逻辑操作，控制和操作量子态的演化和传递，最终到达某个量子态；(4)对最后的量子态进行测量，读出结果。其工作原理如图26-1所示。图中的逻辑操作是信息处理的核心，首先选择适合于待求解问题的量子算法，然后

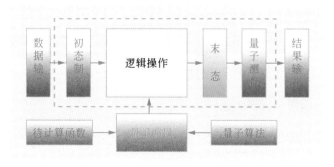

图26-1 量子计算机的工作原理

将该算法按照量子编程的原则转换为控制量子芯片中量子比特的指令程序，从而实现逻辑操作的功能。用的逻辑操作的步数越少，算法就越快。

显然，要想造出一台量子计算机，第一步构建可以表示量子比特的物理体系是最基础的。我们前面谈到，经典比特的"1"和"0"通过控制晶体管电压的高低电平来实现，那么，对于量子比特，需要用什么物理体系来实现"0"和"1"的叠加态呢？事实上，可供选择的体系非常多，如我们最熟悉的体系 —— 光子的偏振态就可以。把光子的垂直偏振态作为"1"，水平偏振态作为"0"，那么每一个光子就可以作为一个量子比特。除偏振叠加态之外，还可以采用光子的路径叠加态以及其他一些自由度的叠加态来构建量子比特，而且实现多个光子比特纠缠的技术也比较成熟。我国的潘建伟院士团队在光量子计算机的研制方面一直处于世界领先地位，在该领域取得了多项突破：2007年，团队用四个光子比特成功实现了肖尔算法，演示了数字15的质因数分解；2013年，团队基于光量子计算平台成功实现线性方程组量子求解算法，求解了一个2×2的线性方程组；2017年，团队成功研制出五光子玻色采样计算原型机（图26-2），在采样率上首次超越早期经典计算机；2021年，"九章二号"（图25-1）横空出世，实现了113光子144模式的玻色取样，多光子量子干涉线路达到了144维度，探测到的光子数达到了113个，均刷新了世界纪录。

理论上，任何处于叠加态的粒子或处于叠加态的量子状态都可以作为量子比特，所以除了光子以外，量子计算机常用的物理体系还有离子

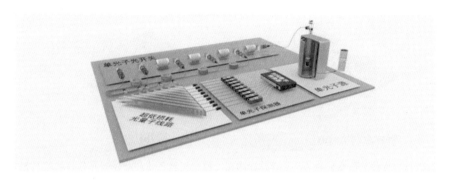

图26-2　中科院研制的光量子计算原型机结构图

阱（被囚禁的离子）、超导约瑟夫森结、超冷原子（接近绝对零度的原
子）、金刚石色心（钻石中的一种晶格缺陷）、半导体量子点（量子点
指的是尺寸在纳米级的材料）等。这些物理体系里，又有多种方式构建
量子比特，如超导体系就可以分为电荷量子比特、磁通量子比特、相位
量子比特等类型（这些类型的叠加态都比较复杂）。再如半导体量子点
体系可分为电荷量子比特（电子位置在左和在右的叠加态）和自旋量子
比特（电子自旋向上和向下的叠加态）等类型。

　　相对于其他物理系统，超导量子计算机在各种技术路线中被寄予厚
望，这是因为基于超导量子电路的量子计算有以下优势：（1）超导量子
电路是一种电路，有很高的设计自由度；（2）超导量子比特的操控使用
的是工业上广泛应用的微波电子学设备，易于实现复杂的调控；（3）超
导量子芯片的制备工艺是基于成熟的半导体芯片微纳加工技术，相对容
易扩展到由大量比特构成的复杂芯片。

　　超导体系的核心物理器件是约瑟夫森结，这是一种"超导体－绝缘
体－超导体"的三层结构（如 $Al\text{-}Al_2O_3\text{-}Al$），其中绝缘层厚度只有几纳
米（图26-3），在超低温下可表现出宏观量子效应。在两块超导体之间

图 26-3　两种常见类型的约瑟夫森结示意图（图中深蓝色为超导体，绿色为绝缘层）

夹一个绝缘层，按经典理论，电子是不能通过绝缘层的。但在1962年，英国物理学家约瑟夫森根据隧道效应从理论上做出预言，只要绝缘层足够薄，超导体内的电子就可以通过隧道效应穿过绝缘层而形成电流。1963年，实验证明了约瑟夫森预言的正确性。利用超导约瑟夫森结来观测宏观量子效应最早在1985年提出，随后研究人员在超导约瑟夫森结器件中陆续观测并实现了能级量子化、量子隧穿、量子态叠加、量子相干振荡等现象，为超导体系打下基础。

美国的谷歌公司在超导量子芯片方面多年来处于世界领先地位，图26-4是其2019年推出的53个量子比特的超导量子芯片，该量子计算机被命名为"悬铃木"。我国的超导量子计算机发展速度也很快，2021

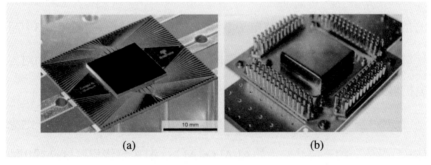

图 26-4　谷歌推出的53个量子比特的超导量子芯片

（a）量子比特处理器；（b）封装好的芯片

年，由潘建伟团队研制的"祖冲之二号"（图25-2）超导量子计算机包含66个量子比特，超越了"悬铃木"。

除了超导量子计算机以外，基于半导体量子点的量子计算机也可以结合现代半导体微电子制造工艺来制造，也是最有希望的候选者之一。这一技术路线最早在1998年提出。

我们知道，经典计算机芯片依赖于晶体管，随着摩尔定律的发展，晶体管尺寸越来越小，那么，当晶体管小到极限以至于只能容纳一个电子时，那会是什么情况呢？这就是半导体量子点，有时也称为单电子晶体管（图26-5）。2018年，我国郭光灿院士团队以单个电子的量子点作为量子比特，创新性地制备了半导体六量子点芯片，在国际上首次实现了半导体量子点体系中的三量子比特逻辑门操控，为未来研制集成化半导体量子芯片打下基础。

看到现在，相信读者已经对量子计算机有了一个初步的了解，所以大家再看到关于量子计算机的新闻时，就要重点关注三个问题：第一，它执行的是什么量子算法；第二，它用的是什么物理体系；第三，它有

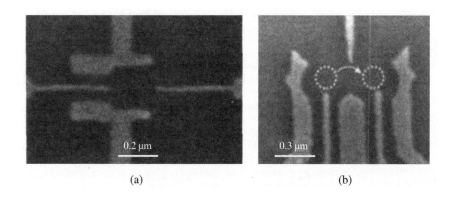

图26-5　半导体量子点的电极结构图

（a）典型的单量子点结构；（b）典型的双量子点结构

郭光灿（中国科学院院士）

(http://www.kicchina.org/index.php?m=content&c=index&a=show&catid=17&id=105)

多少个量子比特。如前所述，量子计算机的算力是随着比特数的增加呈指数上升的，所以量子比特的数目非常重要，它决定了量子计算机的性能上限。但是，在工程上提升比特数目是一件很困难的事情，量子比特越多越难造。

量子计算机发展到现在，还没有进入实用阶段，因为从理论到工程面临着众多棘手难题，其中最主要的一点就是经典计算机根本不存在的问题 —— 退相干。

根据退相干理论（见第14章），当量子体系与外界环境相互作用后，就会发生退相干过程，使量子体系逐渐退化为经典体系，失去量子特性。量子计算机是宏观尺度的量子器件，环境噪声和逻辑操作不可避免地会导致量子比特相干性的消失，使叠加态逐渐退化为确定态，这样，量子计算机就退化成了经典计算机，失去了其使用价值。

所以，衡量某种技术路线的量子计算机的发展前景，有一个很重要的指标就是退相干时间。表26-1给出了各种物理体系的基本指标比较。

表 26-1 量子计算机各种物理体系的基本指标比较

	光子	超导电路	半导体量子点	离子阱	金刚石色心	超冷原子
退相干时间	长	~10 μs	~10 μs	>1000 s	~10 ms	~1 s
可扩展性	较好	较好	较好	较差	较差	较差
运行环境	常温	极低温	极低温	极低温	常温	极低温

注：退相干时间都是现阶段水平，将来会不断有新的突破。

退相干时间指的是量子相干态演化到经典状态的时间。量子计算必须在叠加态上进行，否则量子运算就没法持续下去，因此，退相干时间越长越好。为了尽量减小环境对相干性的影响，量子计算机对环境要求相当苛刻，大部分体系都需要在极低温（接近绝对零度）和超高真空的环境中运行。即便如此，环境还是有干扰，量子态还是非常"脆弱"，因此，人们不得不采用量子编码来纠错。

"量子编码"包括量子纠错码（出错后纠正）、量子避错码（应用量子相干保持态避免出错）和量子防错码（多次测量防止出错）等。量子纠错码是发明分解质因数算法的肖尔在1995年提出的，量子避错码是郭光灿院士团队在1997年提出的。

量子纠错码用于纠正环境退相干造成的错误，是目前研究的最多的一类编码。它是从经典纠错码类比得来，其优点为适用范围广，缺点是效率不高。

我们先了解一下经典纠错码的技术实现。如前所述，经典计算机通过控制晶体管电压的高低来决定一个比特是"1"还是"0"。虽然"1"或"0"都对应一个较大的电压范围，但在噪声的扰动下，一个处于0态的比特还是有很小的可能变成1，导致错误。为了尽可能避免和减少错误，经典纠错方案是把3个比特当作1个比特用：

$$000 \rightarrow 0 \qquad 111 \rightarrow 1$$

通常把左侧3个比特叫做物理比特，把右侧的1个比特叫做逻辑比特，其中逻辑比特是信息处理的单元。3个物理比特处于000代表逻辑比特处于0，3个物理比特处于111代表逻辑比特处于1。假设由于噪声，处于000态的物理比特变成了010，由于2个比特同时出错的概率很小，计算机就判定是中间的物理比特出错，实施操作将其纠正为000，这就降低了错误率。

量子纠错码与之类似，用若干物理量子比特来编码1个逻辑比特，用以纠正退相干引起的错误。不同的是，量子编码需要用更多的物理比特来纠错。业已证明，至少需要5个物理比特编码，才能实现1个逻辑比特的纠错。可以说，这既是一个好消息，又是一个坏消息。好消息是，量子计算机可以制造；坏消息是，它极大地增加了制造的难度。量子计算机至少需要50个逻辑比特才有可能超越经典计算机，这就至少需要250个物理比特，加起来达到了300个量子比特的规模，这就对物理体系的可扩展性提出了极高的要求。

　　可扩展性指的是系统量子比特数目的扩展。和经典计算机的简单并列就可以增加比特不同，量子计算机需要量子比特都纠缠在一起并准确操控，因此每增加一个比特都极为不易。而且，量子比特的数目越多，退相干就越容易发生。因此，集成300个量子比特面临着非常大的技术挑战，目前的最高纪录也与之相去甚远，我们距离具有实用价值的量子计算机还有很长很长的路要走。

　　另外，量子计算机目前还有一大缺点是没有内存。经典计算机的调试依赖于内存和中间计算机状态的读取，这在量子计算机中是不可能的。量子状态不可以像经典计算机那样简单复制以供以后检查，对量子状态的任何测量都会将其坍缩为一组经典比特，从而使计算停止。因此，新的调试方法对于大规模量子计算机的开发至关重要。2021年，郭光灿院士团队打造出"量子U盘"，可以将光信息存储在特殊晶体中1 h，大幅刷新德国团队创造的1 min的世界纪录，具备了实用化的前景，这也为量子计算机构建内存带来希望。

　　展望未来，科学家们并不满足于只能执行特定算法的专用量子计算机，他们的终极目标，是制造可编程的通用量子计算机，可以用来解决所有可计算问题，可在各个领域获得广泛应用。通用量子计算机的实现必须满足两个基本条件：一是量子比特数要达到几百万量级，二是应采用纠错容错技术。鉴于目前量子计算机的研制还处在初级阶段，因此通用量子计算机还只是理论上的蓝图，距离我们还很遥远。不少物理学家认为，通用量子计算机从蓝图变为现实可能需要50年甚至更长的时间。征途漫漫，唯有奋斗。

27 量子密码

2016年，一条科技新闻引发了全球的关注，人类历史上第一颗量子科学实验卫星"墨子号"成功进入太空。该卫星由潘建伟团队牵头研制，运行在高度约500 km的近地轨道，是世界第一颗探索太空与地面量子通信可行性的卫星。升空之后，"墨子号"配合位于河北、青海、新疆、云南等地的多个地面站，成功进行了星地量子密钥分发、星地量子纠缠分发以及星地量子隐形传态等实验。图27-1是"墨子号"与地面观

图27-1 采用延时摄影拍摄的"墨子号"建立星地量子链路过程（红色为地面信标光，绿色为星上信标光）

测站建立星地量子信息通道的场景，犹如科幻大片般梦幻，美不胜收。截至目前，"墨子号"依然是世界上唯一在轨的具备量子通信终端能力的卫星。

"墨子号"最主要的功能是实现了高速的星地量子密钥分发。近年来，在地面上通过光纤运行的量子密钥分发技术日渐成熟，已经实现了产业化，但传输距离仍然是其短板，而"墨子号"就是为了补齐这一短板，实现超远距离传输，为构建天地一体化量子通信网络探路而研发的。

我想读者朋友们现在一定很好奇，到底什么是量子密钥分发呢？在了解量子密钥之前，我们需要先简单了解一下通信与密码学。

我们日常传输的信息是由符号、文字、图像、语音等构成的，但在现代计算机和通信系统中，这些信息都被表示成由0和1构成的比特串，例如，中文字符"汉"用Unicode编码转换成二进制后得到的比特串是11 100 110 10 110 001 10 001 001，所以通信过程只要传递这个比特串即可。

密码学的基本思想是对数据进行伪装以隐蔽信息，所谓伪装就是对数据进行一组可逆的数学变换，伪装前的原始数据称为明文，伪装后的数据称为密文，伪装的过程称为加密。把明文变换成密文，需要两个元素：加密算法和密钥。加密算法就是变换的规则，密钥就是变换的参数。

下面举个例子来说明现代通信的加密过程。

假设要传递的明文是：00 101 001。

首先设计一个加密算法：设置密钥长度与明文一样，密文由明文每个数字与密钥对应数字相加得到，规定 0+0=0，0+1=1，1+0=1，1+1=0；

然后随机生成一个密钥：假设为 10 101 100；

加密过程如下：

明文		0	0	1	0	1	0	0	1
密钥	+	1	0	1	0	1	1	0	0
密文		1	0	0	0	0	1	0	1

这样就得到了用加密算法加密后的密文：10 000 101。

接收方接收到密文后，通过密钥反向运算即可解锁密文，获得明文信息。事实上，上述加密算法的一个突出优点就是其加密运算与解密运算是一样的，密文与密钥直接相加就可以得到明文。这样，加密和解密可以共用一个软件或硬件模块，使工程制造量减少一半。

在通信过程中，默认为密文和算法都是可以被敌方破解的（因为敌方即使破解了也不会告诉你，你必须假设敌方已经破解），唯一需要绝对保密的就是密钥。所以，发送方如何将密钥安全送达接收方就成为保密通信成败的关键。你可能要问了，如果敌方从你的多次通信中反推出密钥怎么办？现代密码学家早已想到了这一问题，早在20世纪40年代，信息学鼻祖香农就证明，如果密钥随机生成且长度与明文一样，而且密钥一次一换，绝不重复使用，则这种密文是绝对无法破译的，这就是著名的"一次一密"。

但是，"一次一密"虽然安全，密钥传输却成了大问题。因为"一次一密"要消耗大量密钥，需要甲乙双方不断地更新密码本，这时候，甲方印一本密码本送给乙方的方式肯定不实用了，只能通过光纤、无线电波等现代通信网络传输，而这些信道都有被敌方窃听的可能，而且即使被窃听了你也很难发现。所以，目前的经典通信使用"一次一密"并不广泛。

目前，经典通信广泛使用的方法主要是"公钥加密法"，最常用的是RSA密码协议。这种方法之所以安全，是因为采用了大数分解质因数这种经典计算机无法计算的数学问题。然而，量子计算机的分解质因数算法可以轻易破解这一难题，一旦量子计算机的研究达到实用化，RSA公钥体系将无密可保，那时候该怎么办呢？

唯一的办法，就是放弃RSA加密，找别的加密手段。这时候，"一次一密"重新进入了人们的视线，这是绝对无法破译的加密手段，如果能保证密钥传输不被窃听就是绝对安全的。于是，量子密钥就应运而生了。人们发现，量子通信具有一个天然的优势，因为量子测量的随机性，它可以产生绝对随机的字符串，这些字符串是绝佳的密钥。而且因为量子态的不可克隆性和不确定性，任何企图窃取传送中的量子密钥的行为都会被合法用户发现，也就是说，它是没法被窃听的！

首先想到将量子力学用于保密的是美国哥伦比亚大学的一个研究生威斯纳（Wiesner），他在1970年提出一个异想天开的概念 —— 量子防伪钞票。他想象出一种可以在上面保存20个光子的钞票，每个光子都由银行随机用"十字"和"交叉"两种方向的偏振片测量（图15-2），每张钞票的测量结果都保存在银行的数据库里。例如，图27-2就是这样一张钞票，20个光子的偏振状态如图所示，银行数据库了记录了这张序号为A123456的钞票的光子偏振信息。

图 27-2　威斯纳的量子防伪钞票

　　如果有人想造假钞，就要面对一个很大的问题 —— 他可以印刷序号A123456，但无法得知这20个光子的偏振状态，他需要测量。但是，他不知道每一个光子是用"十字"还是"交叉"偏振片测量的，所以，一旦他拿错了偏振片，测量结果将发生错误，同时光子的偏振态发生改变（例如，一个45°偏振光子通过十字偏振片，变成水平偏振态或垂直偏振态的概率各一半，如图27-3所示），于是光子偏振信息就不可能正确复制了。这样，银行很容易就能检验出他做的是一张假钞。

　　这真是一个脑洞大开的想法，但是，即使在现在，想要把20个光子保存到一张小小的纸币上也是天方夜谭。所以，当威斯纳把他的想法写成论文投稿后，杂志社的编辑认为这个年轻人简直就是在胡言乱语，直接退稿。他又投稿到另外三家杂志社，无一例外地全部退稿。同时，

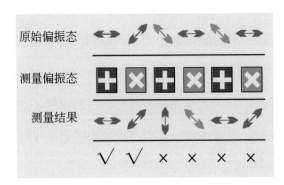

图27-3　测量基对测量结果的影响（后面四个光子选错了偏振片，光子的偏振态发生改变，测量结果全部错误）

他的导师也并不看好他的这一创意，对他的想法不感兴趣。于是，他只好把论文束之高阁。

1983年，威斯纳终于找到了一个机会，在一个关于密码学的国际会议上发表了这篇论文，这距离他提出这个创意已经过去13年了。不过，赶得早不如赶得巧，恰好参加这次会议美国的密码专家贝内特（Bennett）和加拿大的密码专家布拉萨德（Brassard）对威斯纳的量子防伪钞票很感兴趣，他们很重视威斯纳的创意，并从中深受启发。他们认识到，威斯纳的单光子虽然不好保存，但可用于传输信息，由此可以建立量子密码。经过一年的研究，两人在1984年提出了用单光子偏振态编码的第一个量子密码术方案，现在称之为BB84协议，这便是量子密码的起源。

BB84协议解决的是通信双方的密钥传递问题。经典的密钥传递是甲方预先设定好密钥，然后传递给乙方。而量子密钥并不是预先就有的，它是在甲乙双方建立通信渠道之后，通过双方的一系列量子操作，直接在双方手里产生的，而且不用看对方的数据，就能确定对方的密钥和自己的密钥完全相同。也就是说，量子密钥是一个双向产生的过程，这就好像有一个不存在的第三方把密钥分发给甲乙双方，所以称为"量子密钥分发"。量子密钥分发能使通信的双方产生并分享一个随机的、安全的密钥，这是经典通信不可能完成的任务。

看到这里，有的读者可能会想到，量子纠缠不就能达到这个效果吗？是的，没错，如果用纠缠源产生一对对的纠缠光子，分别发送给甲方和乙方，当他们使用相同的测量基来测量他们各自获得的光子的偏振态时，他们的测量结果是一致的，这样双方就都获得了密钥，这也是后来提出的Ekert91协议和BBM92协议的基本原理。但是，目前纠缠分发的速度还不够快，很难达到实用化的水平，所以，在众多量子密钥分发协议中，研究最深入、实用化程度最高的还是BB84协议，它已经成为目前国际上使用最多的量子密钥方案，并成为量子通信发展的重要基础。

BB84协议是利用单光子来进行量子密钥分发的，下面我们来简单了解一下它的基本实施过程，读者可以将其与威斯纳的量子防伪钞票进行对比，体会二者的区别与联系。

如图27-4所示，在BB84协议中，甲方用单光子源产生一系列光子，并将这些光子通过沿正向或斜向放置的偏振棱镜随机制备成偏振方向为0°、45°、90°或135°的单光子序列，然后通过量子信道（如光纤或自由空间等）将这些光子传送到乙方，乙方随机选择"十字"或"交叉"检偏棱镜进行测量，将测量结果记录下来。为了方便说明，我们举个例子，假如说甲方发送了12个光子，这些光子的偏振态如图27-5所示，代表着110 001 001 010这样一个字符串，乙方随机测量后，得到的结果是011 001 101 010，显然二者不一样。那该怎么办呢？注意，重点

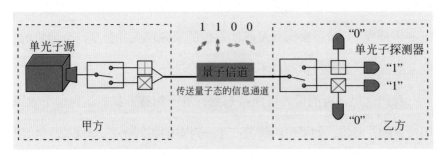

图27-4　BB84协议量子密钥分发过程

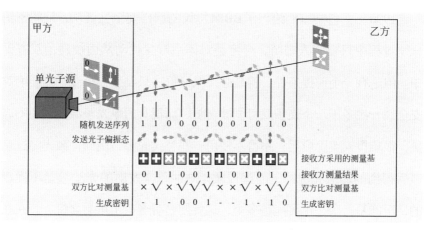

图27-5　BB84协议量子密钥分发过程

(https://baike.baidu.com/tashuo/browse/content?id=9b9d9c1a6b295335d8269e23&fr=vipping)

来了。这时候，乙方用经典信道公布所用的测量基（无需保密），甲方告诉他哪些测量基选对了（无需保密），即图中打对号的测量基。这样，双方可以确保打对号的光子测量结果是一致的，于是就保留对的，舍弃错的，这样就得到了密钥1 001 110，然后甲方根据这个密钥用经典通信来传送密文，乙方用这个密钥来解密。

　　有读者可能要问了，乙方直接公布所用的测量基，甲方告诉他哪些选对了，都无需保密，不怕敌方知道吗？这就是量子保密通信的妙处了，即使敌方知道了也没用，因为每个测量基都对应着0和1两种测量结果，是0是1只有甲乙双方知道，别人是没法得知的。如果敌方想窃听，只能破坏量子信道，这会导致甲乙双方最终形成的密钥不一致，甲乙随机选择一段密钥进行比对，只要发现误码率异常得高，便知有窃听者存在。

1996年，科学家们给出了BB84协议的严格安全性证明，证明密钥分发过程中只要有人窃听，一定会对体系产生扰动从而被通信双方得知。但是有一个前提条件，就是必须保证每次只发射一个光子才能绝对安全，一次多于一个光子就可能被窃听。而现有的单光子源技术还不成熟，很难投入实际应用，不得不使用一些替代光源，例如，激光经过衰减后得到的弱激光脉冲，而这种激光脉冲每次发射的光子数是不确定的，可能是一个，也可能是多个，这就使窃听者有了可乘之机。好在在2003 — 2005年，美国西北大学的黄元瑛和我国清华大学的王向斌等提出了诱骗态协议，克服了不完美单光子源带来的量子通信安全漏洞，使得量子密钥分发获得了真正的应用价值。很快，量子密钥分发在光纤中的安全传输距离就突破了100 km，随后，包括我国在内的世界各国开始纷纷布局和推进量子保密通信的实用化。

2017年9月，世界首条量子保密通信网络 ——"京沪干线"正式开通。京沪干线利用的核心技术就是诱骗态BB84理论方法，该网络在北京、济南、合肥、上海等地的内部量子网络的基础上，通过几十个中继节点把它们连接起来，从而在2000 km的范围内实现量子保密通信。

光纤网络中信号损耗较大，所以需要大量的中继节点才能实现远距离量子通信，而如果借助自由空间来传输信号，损耗就小得多，这样就能实现更远距离的量子通信，这就是"墨子号"量子卫星的优势所在。"墨子号"轨道高度为500 km左右，只有在10 km的大气层内有信号损耗，出了大气层接近真空，信号基本不会受到影响，因此大大拓展了传输距离。然而，卫星与地面之间建立信号通道的困难也是显而易见的，卫星相对于地面以每秒几千米的速度掠过，单光子信号又非常微弱，所以双方对准探测器非常困难，打个比方来说，其精度相当于在50 km外把一枚硬币扔进一列全速行驶的高铁上的一个矿泉水瓶里，而且为了保证卫星与地面站的通信，卫星过站期间必须一直保持这种精确的通信连接状态，其难度可想而知。

令人难以置信的是，"墨子号"居然做到了。"墨子号"在经过地面站的时间段内，卫星上量子诱骗态光源平均每秒发送四千万个信号光子，一次过轨对接实验可生成300 KB的密钥，平均成码率可达1.1 KB/s，已经初步具备了实用功能。但由于"墨子号"是低轨卫星，相对地面飞行速度较快，每次过站时间小于10 min，并且采取了夜间工作模式来避免阳光的干扰，因此还无法满足全天候的通信需求。

2017年，"京沪干线"与"墨子号"成功对接，这标志着我国已构建出全球首个天地一体化的广域量子通信网络雏形。科学家们未来的目标，是发射多颗由高轨卫星和低轨卫星共同组成的"量子星座"，与地面光纤网络一起，打造真正的"量子互联网"。

28 毁灭与重生

　　1999年，自然科学领域的顶级期刊《自然》（*Nature*）精选了一百多年来该杂志所发表的21篇物理学论文，组成特刊"百年物理学21篇经典论文"，以此纪念百年来物理学所取得的伟大成就。这些论文里，包括伦琴发现X射线、爱因斯坦介绍相对论发展、沃森和克里克发现DNA双螺旋结构等重要论文，而令人瞩目的是，其中竟然有一篇仅仅发表2年的论文——《量子隐形传态实验》。这篇论文是奥地利的塞林格团队（潘建伟是该论文的第二作者）发表的，他们成功地在世界上首次实现了量子隐形传态。1997年，该论文一经发表就引起了轰动，成为量子信息领域的经典之作。

　　你一定很好奇，什么是量子隐形传态？它到底有什么神奇的魔力，能让世界为之瞩目？

　　隐形传送，可以说是人类长久以来的梦想，一个人在某处神秘消失，而后又在另一处神秘出现，这是不少科幻小说中出现的场景。这种场景非常令人神往，但人们也都知道，这不过是科学幻想罢了。而量子隐形传态的出现，则让人们似乎看到了一丝希望。科学家们提出的"量子隐形传态"方案，可以使粒子的量子态在某处消失，随后在另一处重现，真的有点像科幻中的隐形传送。

但是，量子隐形传态和科幻中的隐形传送还不太一样。我们想象中的隐形传送是把一个粒子从甲地传送到乙地，而量子隐形传态则是将甲地的某一粒子的未知量子态在乙地的另一粒子上还原出来。也就是说，甲地的粒子并没有移动，它还待在原地，不过，它的"灵魂"被转移到了乙地的另一个粒子身上，那个粒子变得和它一模一样，就像把它传送过去一样。所以，这里头有个词很关键，叫"传态"而不是"传送"，"传送"是直接传送粒子本身，而"传态"只是传送量子状态。

那么，这是不是相当于在乙地复制出了甲地的粒子呢？还不能叫复制，因为复制过程原件并不会损坏，而在量子隐形传态过程中，必须把"原件"摧毁才能获得"复制件"，因为从理论上来讲，如果不损坏"原件"，量子态是不可复制的，这是由"量子态不可克隆原理"决定的。1982年，物理学家从态叠加原理得出推论，对任意一个未知的量子态进行精确的完全相同的复制是不可实现的，这就是"量子态不可克隆原理"。其实这并不难理解，"克隆"是在不损坏原有量子态的前提下再造一个相同的量子态，而任何一个量子态都是处于叠加态的，想克隆它就得对它进行测量，一测量就会变成确定态，它就被破坏了，你如何能克隆它呢？

不可克隆，那就想别的办法。1993年，贝内特（Bennett）等6位科学家联合发表了一篇题为《由经典和EPR信道传送未知量子态》的论文，率先提出量子隐形传态的设想。论文提出的方案是：将甲地量子态所含的信息分为经典信息和量子信息两部分，分别由经典信道和量子信道（利用量子纠缠实现）送到乙地，接收者在获得这两种信息后，在乙地重新构造出甲地量子态的原貌。这种"隔空传态"的设想立刻引起了人们的兴趣，因为从某种意义上来说，"隔空传态"和"隔空传物"的效果是一样的，新的粒子和原来的粒子一模一样，那不就相当于把原来的粒子传送过去了吗？

量子隐形传态的原理如图28-1所示。粒子1是甲地需要传态的原物粒子，处于某种未知的量子态。粒子2和粒子3是一对处于纠缠态的粒子，分别发送至甲地和乙地，由于粒子2和粒子3处于纠缠态，因此只要一方被测量，另一方会瞬时发生相应的变化。然后，在甲地对粒子1和粒子2进行一种叫做贝尔态分析的联合测量。在贝尔基测量过程中，

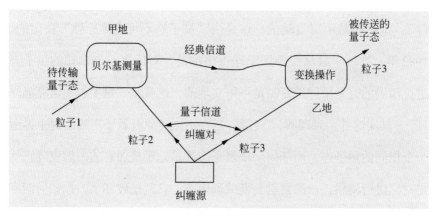

图28-1　量子隐形传态原理示意图

粒子1与粒子2随机地以四种可能方式之一纠缠起来，导致3个粒子之间实现了"纠缠转移"，粒子1原来量子态的大部分信息转移到了粒子3上。然后，甲把贝尔基测量结果通过经典信道告诉乙，乙便获得了剩余的信息，于是可以采取相应的操作，将粒子3转换成粒子1原来的量子态。这就是量子隐形传态的全过程。在此过程中，发送者对粒子1的量子态一无所知，贝尔基测量完成后，粒子1的量子态就被破坏了。需要注意的是，由于量子隐形传态需要借助经典信道才能实现，因此并不能实现超光速通信。

量子隐形传态方案提出以后，科学家们纷纷开始尝试实验验证。1997年，塞林格团队率先成功，他们将一个光子的未知偏振态利用量子隐形传态成功传输至另一个光子上，该实验直观地向人们展示了量子力学的神奇，引起了巨大轰动。随后，世界各国的科学家们如火如荼地开展了各种量子隐形传态实验。量子隐形传态又先后在冷原子、离子阱、超导、量子点和金刚石色心等诸多物理系统中得以实现。

量子隐形传态能够借助量子纠缠将未知的量子态传输到遥远地点，而不用传送物质本身，因而可以作为一种简单而又神奇的量子通信方式来传输量子比特。量子隐形传态是远距离量子通信和分布式量子计算的核心功能单元，在量子通信和量子计算网络中发挥着至关重要的作用。

作为塞林格团队的主要成员，潘建伟深受塞林格器重。塞林格曾经问过潘建伟一个问题，你的梦想是什么？潘建伟的回答是：在中国建设一个世界一流的量子物理实验室。回国后，他做到了。2006年，潘建伟团队首次实现两个光子的偏振态隐形传态；2015年，他的团队又成功地实现了多自由度的量子隐形传态，该成果被英国物理学会新闻网站"物理世界"评选为"国际物理学年度突破"。

量子隐形传态是量子纠缠的重要应用，但是，量子纠缠却有一个致命的缺点——量子纠缠十分脆弱，环境的退相干作用会不可避免地破坏其量子特性而使"纠缠"消失掉，即两个纠缠的量子客体最终会演化为不纠缠的状态。环境的退相干作用不仅包括经典噪声，诸如热运动、电磁场、吸收、散射等，还包括量子噪声，即真空量子涨落（真空能量波动导致真空中不断地有各种正反虚粒子对产生并迅速湮灭）。即使你能将经典噪声完全隔绝，量子噪声也无法消除，而且无处不在。因此，如何采取措施克服退相干，拓展量子隐形传态的传输距离，是一个重要的研究课题。

光纤中的损耗和退相干效应比较显著，因此隐形传态的距离受到了极大的限制。2004年，塞林格团队利用多瑙河底的光纤信道，成功地使量子隐形传态的距离达到了600 m。2020年，美国加州理工学院的研究团队在光纤信道内实现了44 km的远距离量子隐形传态，保真度大于90%。

2004年，潘建伟团队开始探索在自由空间中实现更远距离的量子通信。自由空间简单来说就是没有物质的空间，如外太空。在自由空间，环境对光子的干扰极小，光子一旦穿透大气层进入外层空间，其损耗便接近于零，这使得光纤在自由空间比远距离传输方面更具优势。2012年，潘建伟团队在青海湖上空首次成功实现了百千米级的自由空间量子隐形传态。2017年，借助"墨子号"量子科学实验卫星，该团队成功实现长达1400 km的量子隐形传态，创造了传输距离的世界纪录。

上面介绍的单光子偏振态的量子隐形传态属于离散变量方式，量子隐形传态还有一种方式叫连续变量量子隐形传态。离散变量实验中所使用的是一个一个的单光子，而在连续变量实验中，以由大量光子组成的光学模为基本单元，其探测效率要比离散变量更高。1998年，美国加州理工学院首次实现了连续变量的量子隐形传态。2016年，我国山西大学光电研究所在国际上首次实现了长达6 km距离的基于光纤的连续变量量子隐形传态。

量子隐形传态最容易引起人们遐想的地方，莫过于它是否可以实现"隔空传物"甚至"隔空传人"。毕竟，人也是由微观粒子组成的，尽管数量大到近乎天文数字。其设想是，是否可以把一个人身上所有粒子的量子信息传递到另一地的粒子上进行人体重组？这个设想已经完全超出了现阶段物理学家们的能力，实现的可能性为零。但是，假如说在遥远的未来真的实现了"隔空传人"，按照量子隐形传态原理，必须把一个人在一地摧毁，然后才能在异地重建，那么，即使重建的人和被摧毁的人完全一样，他还是原来的他吗？

29 展望未来

量子力学是一场科学上的革命，它几乎颠覆了以牛顿力学为代表的经典物理的所有观念，让人类对世界的认识提高了一个层次。

同时，量子力学也给人类带来了技术上的革命。第一次量子革命催生的相关技术早已深入到我们日常生活的每个角落，在这些技术里，量子力学隐身幕后，深藏功与名，如激光、半导体、晶体管、核磁共振、高温超导、原子钟等。这些器件功能上遵从经典物理规律，但其运行基础却是基于量子力学原理，如果没有量子力学，人类就无法研究其物理原理，也就很难发明出这些技术。我们习以为常的各种芯片离不开晶体管，卫星导航离不开原子钟，可以说，正是第一次量子革命，才使人类进入了现代信息社会。

随着量子信息技术的开发，量子力学从幕后走到了台前，带来了第二次量子革命。量子通信、量子计算、量子密码、量子网络、量子模拟、量子传感、量子雷达、量子导航、量子关联成像、量子精密测量等技术，令人目不暇接，眼界大开。这些量子器件和技术在功能上直接遵从量子力学规律，可以完成经典技术所不能完成的任务。这些崭新的技术将会给人类社会再一次带来翻天覆地的变化。

在量子力学的世界里，量子态的叠加（相干性）、纠缠（非定域性）和测量（随机性）是其区别于经典力学的最主要的特性，也是各种量子信息器件的技术基础。同时，量子态的不可克隆性是这些技术的安全基础。反过来，环境的退相干效应则是这些技术需要面对的主要问题。

近年来，世界各国纷纷推出了量子信息技术的国家战略，力争把握第二次量子革命的历史机遇，争做量子信息时代的领头羊。可喜的是，我国在这一次科技浪潮中牢牢把握住了机遇，在量子通信领域处于国际领先地位，在量子计算领域与发达国家整体处于同一水平线。

现阶段，量子科技的国际竞争日益激烈，技术发展日新月异。以量子计算机为例，2019年，美国谷歌公司发布53比特超导量子计算机"悬铃木"，宣称实现"量子霸权"；2021年，我国发布了62比特超导量子计算机"祖冲之号"和66比特的"祖冲之二号"，量子比特数目超过了"悬铃木"；而到了2021年年底，IBM公司宣称已经研制出了一台能运行127个量子比特的超导量子计算机"鹰"，再次打破纪录。你追我赶，争夺异常激烈。

而在技术路线上，创新也是层出不穷。本书前面提到的量子计算都是基于量子逻辑电路，与经典的图灵机具有类似的架构，可以称之为标准量子计算。近年来，一些科学家对如何实现量子计算提出了一些不同的架构，如拓扑量子计算、绝热量子计算（量子退火算法）、单向量子计算等，这些量子计算架构具有退相干时间长、抗干扰能力强等优点。在这些新的设想中，绝热的量子退火计算机发展最快。量子退火计算机的主要用途是求解某些最优化问题，它执行的是量子退火算法，这是一种利用量子波动产生的量子隧道效应来搜寻问题最优解的算法。加拿大的D-Wave公司在该领域处于世界领先地位，已经推出了商业化产品（图29-1）。2017年，D-Wave公司推出由2000个比特构成的超导量子退火计算机，它的处理器由排列于整齐格子中的金属铌超导线圈构成，每个线圈是一个量子比特，在接近绝对零度的温度下工作，对于最优化问题，该机胜过当前高度专业化的经典算法1000~10 000倍。2020年，该公司又发布了5000量子比特的退火计算机，再次刷新纪录。

过去100年来，第一次量子革命从根本上改变了人类的生活方式。我们有理由相信，在未来的100年，第二次量子革命还会创造更多的奇迹，让我们做好准备，一起迎接这激动人心的新时代吧！

图29-1　D-Wave公司推出的量子退火计算机（https://baike.baidu.com/item/D-Wave%202X/18698843）

附录

附录 A　一维无限深势阱中自由粒子的运动

薛定谔方程在量子力学中的作用，相当于牛顿方程在经典力学中的作用。处理量子力学问题，首先就是写出薛定谔方程，然后进行求解，可解得能量与波函数，进而可求其他可观测量，最后对解的结果进行分析与讨论。

薛定谔方程的求解在多数情况下是很困难的，只有少数几个例子是可以精确求解的。下面我们就来看一个可以精确求解的例子——一维无限深势阱中自由粒子的运动。通过对薛定谔方程的求解，我们可以认识到许多奇异的量子特性。

一维无限深势阱中自由粒子是指：一个质量为 m 的粒子，沿 x 轴在一维方向上运动，它受到如图 A-1 所示的势能的限制（图中纵坐标表示势能，由于这个图像一个井，所以被称为势阱），阱外势能无穷大、阱内势能为零。由于阱外势能无穷大，故该粒子在阱外永不出现；而阱内势能为零，故该粒子在阱内不受力而作自由运动。也就是说，该粒子被限制在 x 轴上 0~l 范围内自由运动。

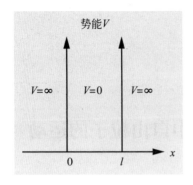

图 A-1　一维无限深势阱

该粒子的薛定谔方程为

$$-\frac{\hbar^2}{2m}\frac{\mathrm{d}^2\psi(x)}{\mathrm{d}x^2} = E\psi(x) \qquad (\text{A}-1)$$

这是一个微分方程，其求解超出了本书的范围。读者可以参考相关量子力学教科书，本书直接给出求解结果。

粒子的能量：

$$E_n = \frac{n^2 h^2}{8ml^2} \qquad (\text{A}-2)$$

粒子的波函数：

$$\psi_n(x) = \sqrt{\frac{2}{l}}\sin\frac{n\pi x}{l}\,(0 \leqslant x \leqslant l) \qquad (\text{A}-3)$$

上面两个式子里的 n 是在求解过程中自然引入的参数，n 只能取正整数（$n=1, 2, 3, 4, \cdots$），称之为量子数。（A-2）式中的 h 是普朗克常数。

1.能量

首先来对能量进行分析。由（A-2）式可以看出，由于 n 只能取正整数，所以粒子的能量只能取一些离散的数值，这就是量子力学的重要特性——能量量子化。这里量子化的得出是由薛定谔方程"自然地"得到的，而不像普朗克和玻尔那样是人为"强加"给粒子的。这样量子力学对能量量子化的解释就更为合理和顺畅，也使人们更容易判断什么情况下能量是量子化的，什么情况下可以近似看作是连续的。我们来看下面几个例子。

已知两个能级的能量差 $\Delta E_n = E_{n+1} - E_n$，求下面三种情况下 $\Delta E_n = ?$

例1：$m = 9.11 \times 10^{-31}$ kg的电子，在 $l = 10^{-10}$ m 的一维势阱中；

例2：$m = 9.11 \times 10^{-31}$ kg的电子，在 $l = 0.01$ m 的一维势阱中；

例3：$m = 10^{-3}$ kg的粒子，在 $l = 1$ m 的一维势阱中。

代入公式计算，可以得到如下结果。

例1：$\Delta E_n = (2n+1) \times 38$ eV；

例2：$\Delta E_n = (2n+1) \times 2.35 \times 10^{-15}$ eV；

例3：$\Delta E_n = (2n+1) \times 3.43 \times 10^{-46}$ eV。

对于例1，相对于电子这样的微观粒子来讲，能级间隔非常大，能量是量子化的。对于例2，能级间隔非常小，可以近似认为能量是连续的。10^{-10} m是原子尺度，0.01 m是宏观尺度，也就是说，如果电子在原子尺度内运动，量子化特征非常明显；但是，如果它在宏观尺度内运动，量子化特征基本消失。正因为如此，原子中电子的运动由于量子特性而让人捉摸不定，但电视机显像管中的电子又能在荧光屏上呈现出我们想要的图像，而不是一团乱麻。

通过例3，可以看到如果是一个宏观粒子，由于 m 和 l 都很大，所以能级间隔小到没有意义，能量完全可以看成是连续的，已经完全失去了量子特性。

2.波函数

接下来对波函数进行分析。波函数的模的平方 $|\psi(x)|^2$ 具有明确的物

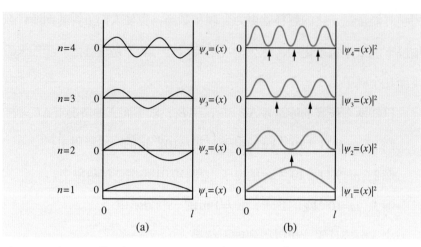

图A-2　一维无限深势阱中粒子的$\psi(x)$和$|\psi(x)|^2$图像，$|\psi(x)|^2$图中箭头所指的位置为节点

（a）波函数；（b）概率密度

理意义：$|\psi(x)|^2$表示在坐标x点发现粒子的概率密度。图A-2给出了由
（A-3）式绘制的$\psi(x)$和$|\psi(x)|^2$的图像。可以看出，波函数$\psi(x)$是一种正
弦波图像，而且能量越高，其"振动"越剧烈。在对波函数进行分析
时，最有意义的是$|\psi(x)|^2$，它给出了粒子的空间概率密度分布图像，对
于一维的x轴，事实上就体现出粒子在这条轴上每一点出现的概率。从
$|\psi(x)|^2$图像可看出，当此粒子处于基态时（$n=1$），粒子在$l/2$处出现的
概率最大；当粒子处于第一激发态时（$n=2$），在$l/4$和$3l/4$两处出现的
概率最大，但是在$l/2$处出现的概率为零，我们把概率为零这一点叫做
节点。可以看到，n越大，节点数越多。

　　从经典力学的角度来看，存在节点是不可想象的。为什么这么说
呢？我们来分析一下第一激发态（$n=2$）粒子的运动。如图A-3所示，

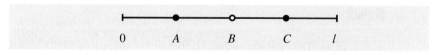

图A-3　一维无限深势阱中粒子处于第一激发态的运动

粒子在 x 轴上 0~l 范围内做一维运动，中心的 B 点是节点，粒子在 B 点左右两边都有出现的概率，但在 B 点出现的概率为零。那么问题来了，如果粒子在 A 点出现以后又在 C 点出现，那么它是怎么过去的？

按经典力学，从 A 点到 C 点，粒子只能沿着轴移动过去，但这样就必然会经过 B 点，那么 B 点的概率就不为零，它就不再是节点。节点的存在，意味着量子运动和经典运动是完全不同的，粒子可以从 A 点到 C 点，但是并不经过 B 点，我们没法想象粒子的运动轨迹，唯一合理的解释就是：它没有运动轨迹！

粒子没有固定的运动轨迹，只有概率分布的规律，这是量子力学中粒子运动的普遍规律，事实上，这也是量子力学中不确定关系（见第7章）的必然结果，如果有轨迹，动量和位置就同时确定了，就不满足不确定原理了。

3.零点能

再来审视一维无限深势阱中粒子的能量。对于（A-2）式，由于 n 是正整数，我们发现粒子的能量有一个最小值，即 $n=1$ 时的能量 E_1，且 $E_1 > 0$。由于势能为 0，则 E_1 为粒子的动能，可见粒子的动能恒大于 0，这就是零点能效应。零点能效应表明粒子是无法静止的，这和经典力学完全不同，因为经典粒子是可以静止的，动能可以为零。事实上，零点能效应也是量子力学中不确定关系的必然结果，如果静止，动量和位置就同时确定为零，那就违反了不确定原理。

零点能效应使人们对于物体降温到绝对零度时会不会完全静止有了正确的认识。

我们知道，温度是反映物体分子热运动的一个物理量。物体内部的原子和分子都在运动。运动越剧烈，温度越高。显然，当一个物体降温的时候，它的分子运动速度越来越慢，当达到最慢速度的时候，温度就达到了最低值，也就是绝对零度，它等于−273.15℃。物体降温的时候，会由气体变成液体再变成固体，因为气体的分子热运动是最快的，固体是最慢的。如氧气，在降温的时候，它会先变成液体再变成固体，都是淡蓝色，非常漂亮。

那么，当物体降温到绝对零度时，它的内部粒子是不是就完全不动了呢？其实不是。根据薛定谔方程的计算，固体晶格振动的能量是量子化的（见第22章），固体在绝对零度的时候，内部晶格振动能量达到一个最低值，这就是零点能。这时候粒子振动非常微弱，但是不为零。

虽然几乎一切物质在绝对零度时都会变成固体，但有一种物质例外，那就是氦。氦的零点能比较大，即使降温到绝对零度，它也不会固化，仍然保持液态，所以人们把氦叫做永久液体。正是利用氦的这一特性，人们研制出了氦制冷机来获得极低的温度。大型氦低温制冷机是超导、核聚变、高能物理等前沿科技研究中不可或缺的基础设备。

氦还有一个特殊的性质，就是当它接近绝对零度的时候，会变成超流体。超流体非常神奇，如果你把超流体放在杯子里，它会自动沿着杯壁往外爬，直到流完为止；超流体还能丝毫不受阻滞地流过管径极细的毛细管。研究表明，液氦从正常相变成超流相时，液体中的原子会突然失去随机运动的特性，而以整齐有序的方式运动。于是，液氦失去了所有的内摩擦力，它的热导率会突然增大100万倍，黏度会下降100万倍，从而使它具有了一系列不同于普通流体的奇特性质。

附录 B　氢原子中电子的运动

　　量子力学使人们对物质结构有了本质的理解。氢原子是最简单的原子，也是唯一一个能够精确求解其薛定谔方程的原子，正是从它身上，薛定谔揭开了原子结构的奥秘。

　　考虑到原子核质量远远大于电子质量，我们假设原子核不动，然后通过薛定谔方程来求解电子绕核运动的规律。氢原子的薛定谔方程如下：

$$\left[-\frac{\hbar^2}{2m_e}\left(\frac{\partial^2}{\partial x^2}+\frac{\partial^2}{\partial y^2}+\frac{\partial^2}{\partial z^2}\right)-\frac{e^2}{4\pi\varepsilon_0 r}\right]\psi(x,y,z)=E\psi(x,y,z)$$

式中，m_e 为电子质量；e 为电子电量；ε_0 为真空介电常数；r 为电子离核距离。

　　为了能够求解方程，需要把直角坐标 (x,y,z) 变换为球极坐标 (r,θ,ϕ)。以原子核为坐标原点，假设电子在直角坐标系的位置为点 $P(x,y,z)$，那么 P 点到原点 O 的距离就是 r，OP 连线与 z 轴的夹角就是 θ，连线在 xy 平面内的投影与 x 轴的夹角就是 ϕ。两种坐标系的变

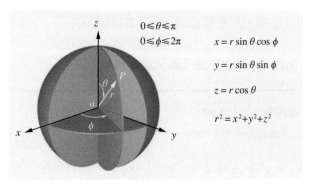

图 B-1　直角坐标系与
球极坐标系的变换关系

换关系见图B-1。

氢原子的薛定谔方程求解过程相当复杂，本书仍然直接给出求解结果。在求解过程中，自然引入了3个量子数，分别是主量子数n、角量子数l和磁量子数m。

1.能量量子化

求解得到电子的能量为

$$E_n = -\frac{13.6}{n^2} \text{ eV} \ (n=1, 2, 3, \cdots) \tag{B-1}$$

能量取负值是因为将电子离核无穷远时的势能定为0。可以看出，能量是量子化的，n越大，电子能级越高。

2.波函数

电子的波函数$\psi_{nlm}(r, \theta, \phi)$表达式很复杂，不同的$n$、$l$、$m$对应不同的波函数，用不同的下标标记。

当$n=1$时，$E_1 = -13.6$ eV，此时波函数有1个解（ψ_{1s}）；

当$n=2$时，$E_2 = -3.40$ eV，此时波函数有4个解（ψ_{2s}、ψ_{2px}、ψ_{2py}、ψ_{2pz}）；

当$n=3$时，$E_3 = -1.51$ eV，此时波函数有9个解……每一个能级E_n对应n^2个波函数。表B-1给出了几个低能级波函数的表达式。

表 B-1　氢原子中的电子波函数 $\psi_{nlm}(r, \theta, \phi)$

量子数取值			波函数 $\psi_{nlm}(r,\theta,\phi)$	波函数命名
n	l	m		
1	0	0	$\psi_{1s} = \sqrt{\dfrac{1}{\pi}}\left(\dfrac{1}{a_0}\right)^{\frac{3}{2}} e^{\frac{r}{a_0}}$	光谱上将$l=0, 1, 2, 3,$ $\cdots$记为 s, p, d, f, $\cdots$ 故$n=1$、$l=0$记为 1s

量子数取值			波函数 $\psi_{nlm}(r,\theta,\phi)$	波函数命名
n	l	m		
2	0	0	$\psi_{2s} = \sqrt{\dfrac{1}{32\pi}}\left(\dfrac{1}{a_0}\right)^{\frac{3}{2}}\mathrm{e}_2^{-\frac{r}{a_0}}\left(2-\dfrac{r}{a_0}\right)$	$n=2$、$l=0$ 记为 2s
	1	0	$\psi_{2p_z} = \sqrt{\dfrac{1}{32\pi}}\left(\dfrac{1}{a_0}\right)^{\frac{5}{2}}\mathrm{e}_2^{-\frac{r}{a_0}}r\cos\theta$	$n=2$、$l=1$ 为 2p，$r\cos\theta=z$，记为 $2p_z$
	1	± 1	$\psi_{2p_x} = \sqrt{\dfrac{1}{32\pi}}\left(\dfrac{1}{a_0}\right)^{\frac{5}{2}}\mathrm{e}_2^{-\frac{r}{a_0}}r\sin\theta\cos\phi$	$n=2$、$l=1$ 为 2p，$r\sin\theta\cos\phi=x$，记为 $2p_x$
			$\psi_{2p_y} = \sqrt{\dfrac{1}{32\pi}}\left(\dfrac{1}{a_0}\right)^{\frac{5}{2}}\mathrm{e}_2^{-\frac{r}{a_0}}r\sin\theta\sin\phi$	$n=2$、$l=1$ 为 2p，$r\sin\theta\sin\phi=y$，记为 $2p_y$

注：$a_0 = 52.9$ pm，称为玻尔半径。

3.电子云

我们已经知道，波函数模的平方$|\psi|^2$代表在空间某点发现粒子的概率密度。所以我们将$|\psi_{nlm}(r,\theta,\phi)|^2$作图，就能看出电子在原子核周围空间的概率密度分布。$|\psi|^2$函数图形就是"电子云"，如图5-2所示。

仔细观察1s轨道的电子云，会发现颜色最深的地方在原子核上，这是不是意味着电子在核上出现的概率最大呢？并不是！这是一个常见的误区，就是把概率密度和概率混淆，事实上，这是两个不同的概念。概率密度是单位体积内电子出现的概率。要想知道电子在某一点出现的概率，需要用该点的概率密度乘以该点的体积，这就要用微积分来处理 —— $|\psi|^2\mathrm{d}\tau$表示在空间某一点附近微体积元$\mathrm{d}\tau$内发现电子的概率，把$|\psi|^2\mathrm{d}\tau$在某一范围内积分，就能算出此范围内电子出现的概率。据此，

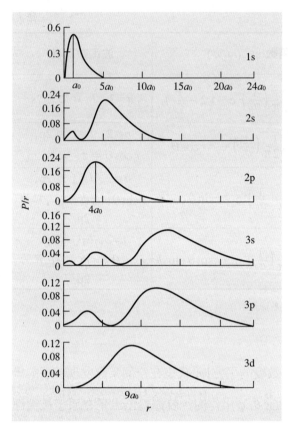

图 B-2　不同轨道的径向分布函数 $P(r)$ 图（电子在距核 r 远、厚度为 dr 的球壳内出现的概率为 $P(r)$dr ）

人们计算出了电子在距离原子核某一距离球壳内出现的概率，并将其作图，称为径向分布函数，如图 B-2 所示。从图中可以看出，对于 1 s 轨道，电子在距核 a_0 处出现的概率最大（ $a_0=52.9$ pm，称为玻尔半径）；对于 2p 轨道，电子在距核 $4a_0$ 处出现的概率最大；对于 3d 轨道，电子在距核 $9a_0$ 处出现的概率最大。

对比图 5-2 和图 B-2 的 1 s 轨道电子，可以看到 1 s 电子在原子核上概率密度最大，但是这一点的球壳体积趋于零，所以电子在这一点出现的概率也接近零；随着离核距离 r 增大，概率密度在逐渐减小，但球壳体积在逐渐增大（球壳体积 $=4\pi r^2 \times \mathrm{d}r$）。经计算，两者乘积的极大值出现在离核52.9 pm处，这就是电子出现概率最大的地方。

4. 节面

如果有一个粒子，它可以在篮球内部出现，也可以在篮球的外部出现，但是它在篮球球壳上出现的概率是0，那么这个篮球球壳就叫节面。节面最难理解的地方是，这个粒子从内到外或者从外到内，它是如何通过节面的？如果通过节面，节面的概率就不应该为0，那既然节面概率为0，它又是怎么进出的呢？千万不要以为这是无稽之谈，事实上，原子中的电子就是处于这样的运动状态。在电子云图中，除1 s轨道外，其他轨道都有节面。

节面就是波函数 $\psi=0$ 的面。因为 $\psi=0$，所以电子在节面上出现的概率为零。电子云中有许多节面，例如，2 s轨道的节面是一个球面，3 s轨道的节面是两个球面（对应于图B-2中曲线与横轴的交点位置）······这也成为人们理解电子运动的难题之一，唯一的解释就是电子没有固定的运动轨迹，只有概率分布的规律。读者将节面的概念和一维无限深势阱中节点的概念进行比较，可以看到二者的物理内涵是一致的。

参考文献

[1] 高鹏. 从量子到宇宙 —— 颠覆人类认知的科学之旅 [M]. 北京：清华大学出版社，2017.

[2] 吴飙. 简明量子力学 [M]. 北京：北京大学出版社，2020.

[3] 井孝功，赵永芳. 量子力学 [M]. 哈尔滨：哈尔滨工业大学出版社，2009.

[4] 井孝功，郑仰东. 高等量子力学 [M]. 哈尔滨：哈尔滨工业大学出版社，2012.

[5] 曹天元. 上帝掷骰子吗：量子物理史话 [M]. 沈阳：辽宁教育出版社，2008.

[6] 张天蓉. 群星闪耀：量子物理史话 [M]. 北京：清华大学出版社，2021.

[7] 郭光灿，高山. 爱因斯坦的幽灵：量子纠缠之谜 [M].2 版. 北京：北京理工大学出版社，2018.

[8] 陈宇翔，潘建伟. 量子飞跃：从量子基础到量子信息科技 [M]. 合肥：中国科学技术大学出版社，2019.

[9] 袁岚峰. 量子信息简话：给所有人的新科技革命读本 [M]. 合肥：中国科学技术大学出版社，2021.

[10] 关洪. 量子力学的基本概念 [M]. 北京：高等教育出版社，1990.

[11] 费曼，莱顿，桑兹. 费曼物理学讲义：第 3 卷 [M]. 潘笃武，李洪芳，译. 上海：上海科学技术出版社，2020.

[12] 费曼. QED：光和物质的奇妙理论 [M]. 张仲静，译. 长沙：湖南科学技术出版社，2012.

[13] 阿米尔·艾克塞尔. 纠缠态：物理世界第一谜 [M]. 庄星来，译. 上海：上海科学技术文献出版社，2016.

[14] 魏凤文，高新红. 仰望量子群星：20世纪量子力学发展史[M]. 杭州：浙江教育出版社，2016.

[15] 张三慧. 大学物理学[M]. 3版. 北京：清华大学出版社，2017.

[16] 周公度，段连运. 结构化学基础[M]. 5版. 北京：北京大学出版社，2017.